고갈되는 자원, 더 효율적으로 사용할 수 없는가

지속가능성 시리즈 ❾

고갈되는 자원, 더 효율적으로 사용할 수 없는가

프리드리히 슈미트-블레크 지음 | 류재훈 옮김

도서출판 길

지속가능성 시리즈 **9**

고갈되는 자원, 더 효율적으로 사용할 수 없는가

2018년 2월 20일 제1판 제1쇄 찍음
2018년 2월 25일 제1판 제1쇄 펴냄

지은이 | 프리드리히 슈미트−블레크
옮긴이 | 류재훈
펴낸이 | 박우정

기획 | 천정은
편집 | 이남숙

펴낸곳 | 도서출판 길
주소 | 06032 서울 강남구 도산대로25길 16 우리빌딩 201호
전화 | 02)595−3153 팩스 | 02)595−3165
등록 | 1997년 6월 17일 제113호

한국어 판 ⓒ 도서출판 길, 2018.
Printed in Seoul, Korea
ISBN 978-89-6445-154-0 04500

엮은이 서문

지속가능성 프로젝트

이 시리즈의 독일어 판은 예상을 훌쩍 뛰어넘는 판매고를 기록했다. 언론의 반응도 호의적이었다. 이 두 가지 긍정적 지표로 보건대 이 시리즈가 일반 독자들도 쉽게 이해할 수 있는 언어로 적절한 주제를 다루고 있음을 알 수 있다. 이 책이 광범위한 주제를 포괄하면서도 과학적으로 엄밀할뿐더러 일반인도 쉽게 접근할 수 있는 언어로 쓰였다는 점은 특히 주목할 만하다. 이것은 사람들이 아는 것을 실천함으로써 지속가능한 사회로 나아가는 데 정말이지 중요한 선결 요건이기 때문이다.

이 책의 일차분이 출간된 직후인 몇 달 전, 나는 유럽의 주변 국가들로부터 영어 판을 출간해 더 많은 독자가 이 책을 접할 수 있게 했으면 좋겠다는 이야기를 들었다. 그들은 이 시리즈가 국제적인 문제를 다루고 있느니만큼 될수록 많은 이들이 이 책을 읽고 지식을 바탕으로 토론하고 국제 차원에서 실천할 수 있도록 해야 한다고 역설했다. 한 국제회의에 파견된 인도·중국·파키스탄의 대표들이 비슷한 관심을 표명했을 때 나는 마음을 굳혔다. 레스터 R. 브라운Lester R. Brown이나 조너선 포리트Jonathan Porritt 같은 열정적인 이들은 일반 대중이 지속가능성 개념에 유의하도록 이끌어준 인물이다. 나는 이 시리즈가 새로운 개념의 지속가능성 담론을 불러일으킬 수 있으리라 확신한다.

내가 독일어 판 1쇄에 서문을 쓴 지도 어언 2년이 지났다. 그사이 우리 지구에서는 지속불가능한 발전이 유례없이 난무했다. 유가는 거의 세 배까지 올랐고, 산업용 금속의 가격도 걷잡을 수 없이 치솟았다. 옥수수·쌀·밀 같은 식량 가격이 연일 최고치를 경신한 것도 뜻밖이었다. 이 같은 가격 급등 탓에 중국·인도·인도네시아·베트남·말레이시아 같은 주요 발전도상국의 안정성이 크게 흔들리리라는 우려가 전 지구적 차원에서 짙어지고 있다.

지구 온난화에 따른 자연재해도 잦아지고 심각해졌다. 지구의 여러 지역이 긴 가뭄을 겪고 있으며, 그로 인한 식수 부족과 흉작에 시달리고 있다. 그런가 하면 세계의 또 다른 지역에서는 태풍과 허리케인으로 대규모 홍수가 나 지역민들이 커다란 고통에 빠져 있다.

거기에다 미국 서브프라임 모기지 위기로 촉발된 세계 금융시장의 혼란까지 가세했다. 금융시장 혼란은 세계 모든 나라들에 영향을 끼쳤으며, 불건전하고 더러 무책임하기까지 한 투기가 오늘의 금융시장을 어떻게 망쳐놓았는지 생생하게 보여주었다. 투자자들이 자본 투자에 따른 단기수익성을 과도하게 노린 바람에 복잡하고 음습한 금융 조작이 시작되었다. 기꺼이 위험을 감수하려는 무모함 탓에 거기 연루된 이들이 모두 궤도를 이탈한 듯 보인다. 그렇지 않고서야 어떻게 우량 기업이 수십 억 달러의 손실을 입을 수 있었겠는가? 만약 각국의 중앙은행들이 과감하게 구제에 나서 통화를 뒷받침하지 않았더라면 세계경제는 붕괴하고 말았을 것이다. 공적 자금 사용이 정당화될 수 있는 것은 오로지 이러한 환경에서뿐이다. 따라서 대규모로 단기자본 투기가 되풀이되는 사태를 서둘러 막아야 한다.

이 같은 발전의 난맥상으로 미루어볼 때 지속가능성에 관해 논의해야 할 상황은 충분히 무르익은 것 같다. 천연자원이나 에너지의 무분별한 사용이 심각한 결과를 초래하며, 이는 미래 세대에만 해당하는 일이 아니라는 사실을 점점 더 많은 이들이 자각하고 있다.

2년 전이라면 세계 최대의 소매점 월마트가 고객과 지속가능성에 관해 대화하고 그 결과를 실행에 옮기겠다고 약속할 수 있었겠는가? 누가 CNN이 「고잉 그린」Going Green 같은 프로그램을 방영할 수 있으리라고 생각이나 했겠는가? 세계적으로 더 많은 기업들이 속속 지속가능성이라는 주제를 주요 전략적 고려 사항으로 꼽고 있다. 우리는 이 여세를 몰아 지금 같은 바람직한 발전이 용두사미로 그치지 않고 시민사회의 주요 담론으로 확고히 자리 잡을 수 있도록 해야 한다.

하지만 개별적인 다수의 노력만으로는 지속가능한 발전을 이룰 수 없다. 우리는 우리 자신의 생활양식과 소비 및 생산방식에 근본적이고 중대한 질문을 던져야 하는 상황에 놓여 있다. 에너지나 기후 변화 같은 주제에만 그치지 않고, 미래 지향적이고 예방적으로 지구 전체 시스템의 복잡성을 다루어야 하는 것이다.

모두 열두 권에 달하는 이 시리즈의 저자들은 우리가 지구 생태계를 파괴함으로써 어떤 결과에 이르렀는지를 종전과는 다른 각도에서 조망하고 있다. 그러면서도 지속가능한 미래를 일굴 수 있는 기회는 아직 많이 남아 있다고 덧붙인다. 하지만 그러려면 지속가능한 발전이라는 원칙에 입각해 올바로 실천할 수 있도록 우리의 지식을 총동원해야 한다. 지식을 행동으로 연결하는 조치가 성과를 거두려면 모든 이들을 대상으로 어렸을 적부터 광범위한 교육을 실시해야 한다. 미래에 관한 주요 주제를 학교 교육과정에서 다뤄야 하고, 대학생은 지속가능한 발전에 관한 교양과정을 필수적으로 이수하게 해야 한다. 남녀노소를 불문하고 모든 이들에게 일상적으로 실천할 기회를 마련해 주어야 한다. 그래야 스스로의 생활양식에 대해 비판적으로 사고하고 지속가능성 개념에 기반해 바람직한 변화를 도모할 수 있다. 우리는 책임 있는 소비자행동을 통해 지속가능한 발전으로 나아가는 길을 기업들에게 보여주어야 하며, 여론 주도층으로서 영향력을 행사하면서 적극 나서야 한다.

바로 그러한 이유에서 내가 몸담고 있는 책임성포럼Forum für Verantwortung과 ASKO유럽재단ASKO Europa Foundation, 유럽아카데미 오첸하우젠European Academy Otzenhausen이 협력해, 저명한 '부

퍼탈기후환경에너지연구소 Wuppertal Institute for Climate, Environment and Energy가 개발한 열두 권의 책과 함께 볼 만한 교육용 자료를 제작했다. 우리는 프로그램을 확대해 세미나를 진행하고 있는데, 초창기의 성과는 매우 고무적이다. 일례로 유엔은 '지속가능발전교육' Education for Sustainable Development; ESD이라는 10개년 프로젝트를 진행하기로 했다. 이 같은 '지속가능성 확산' 운동이 순조롭게 진행됨에 따라 객관적인 정보나 지식에 대한 대중의 관심과 수요는 날로 늘 것으로 보인다.

기존 내용을 보완하느라 심혈을 기울이고 애초의 독일어 판을 좀 더 세계적인 맥락에 맞도록 손봐 준 지은이들의 노고에 감사드린다.

통찰력 있고 책임감 있는 실천

"우리 인간은 제2의 세계를 창조할 수 있는 신, 즉 초월적 존재가 되어가는 중이다. 자연계를 그저 새로운 창조를 위한 재료쯤으로 써먹으면서 말이다."

이것은 정신분석학자이자 사회철학자 에리히 프롬 Erich Fromm이 쓴 『소유냐 존재냐』(1976)에 나오는 경고문으로, 우리 인간이 과학기술에 지나치게 경도된 나머지 빠지게 된 딜레마를 잘 표현하고 있다.

자연을 이용하기 위해 자연에 복종한다는 우리의 애초 태도("아는 것이 힘이다.")는 자연을 이용하기 위해 자연을 정복한다는 쪽으로 변질되었다. 수많은 진보를 이룩한 인류는 초기의 성공적 경로에서 벗어나 그릇된 길로 접어들었다. 셀 수도 없는 위험이 도사리고 있는 길로 말이다. 그 가운데 가장 심각한 위험은 정치인이나 기업인 절대다수가 경제성장을 늦추지 말아야 한다고 철석같이 믿고 있다는 데에서 비롯된다. 그들은 끝없는 경제성장이야말로 지속적인 기술혁신과 더불어 인류의 현재와 미래의 문제를 모조리 해결해 줄 수 있으리라 믿고 있다.

지난 수십 년 동안 과학자들은 자연과 필연적으로 충돌할 수밖에 없는 이러한 믿음에 대해 줄곧 경고를 해왔다. 유엔은 1983년에 일찌감치 세계환경발전위원회World Commission on Environment and Development; WCED를 창립했고, 이 위원회는 1987년에 '브룬틀란 보고서'Brundtland Report를 발간했다. '우리 공동의 미래'Our Common Future라는 제목의 그 보고서는 인류가 재앙을 피하고 책임 있는 생활양식으로 돌아갈 수 있는 길을 모색하는 데 유용한 개념을 제시했다. 장기적이고 환경적으로 지속가능한 자원 사용이 그것이다. 브룬틀란 보고서에 쓰인 '지속가능성'은 "미래 세대가 그들의 욕구를 충족시킬 수 있는 능력에 위협을 주지 않으면서 현 세대의 욕구를 충족시키는 발전"을 의미하는 개념이다.

숱한 노력이 있었지만 안타깝게도 생태적·경제적·사회적으로 지속가능한 실천을 위한 이 기본 원칙은 제대로 구현되지 않고 있다. 시민사회가 아직 충분한 지식을 갖추고 있지도 조직화되어 있지도 않은 탓이다.

이러한 상황을 배경으로, 그리고 쏟아지는 과학적 연구 결과들과 경고를 바탕으로, 나는 내가 몸담은 조직과 함께 사회적 책임을 맡기로 했다. 지속가능한 발전에 관한 논의가 활성화되는 데 힘을 보태고자 한 것이다. 나는 지속가능성이라는 주제에 관한 지식과 사실을 제공하고, 앞으로 실천하면서 선택할 수 있는 대안을 보여주고자 한다.

하지만 '지속가능한 발전'이라는 원칙만으로는 현재의 생활양식이나 경제활동을 변화시키기에 충분치 않다. 그 원칙이 일정한 방향성을 제시해 주는 것이야 틀림없지만, 그것은 사회의 구체적 조건에 맞게 조율되어야 하고 행동 양식에 따라 활용되어야 한다. 미래에도 살아남기 위해 스스로를 재편하고자 고심하는 민주주의 사회는 토론하고 실천할 줄 아는 비판적이고 창의적인 개인들에게 의존해야 한다. 따라서 지속가능한 발전을 실현하려면 무엇보다 남녀노소를 가리지 않고 그들에게 평생교육을 실시해야 한다. 지속가능성 전략에 따른 생태적·경제적·사회적 목표를 이루려면 구조적 변화를 이끌어내는 잠재력이 어디에 있는지 알아보고 그 잠재력을 사회에 가장 이롭게 사용할 줄 아는 성찰적이고 혁신적인 일꾼들이 필요하다.

그런데 사람들이 단지 '관심을 기울이는 것'만으로는 여전히 부족하다. 우선 과학적인 배경지식이나 상호 관계를 이해하고 나서 토론을 통해 그것을 확인하고 발전시켜야 한다. 오직 그렇게 해야만 올바로 판단할 수 있는 능력이 길러진다. 이것이 바로 책임 있는 행동에 나서기 위해 미리 갖춰야 할 조건이다.

그러려면 사실이나 이론을 제기하되, 반드시 그 안에 주제에 적합하면서도 광범위한 행동 지침을 담아내야 한다. 그래야 사람들이 그 지침에 따라 나름대로 행동에 나설 수 있다.

이 같은 목적을 실현하기 위해 나는 저명한 과학자들에게 일반인도 이해할 수 있는 방식으로 '지속가능한 발전'에 따른 주요 주제의 연구 상황과 가능한 대안을 들려달라고 요청했다. 그렇게 해서 결실을 맺은 것이 바로 이 지속가능성 시리즈 열두 권이다. (아래의 각 권 소개 참조.) 이 작업에 참여한 이들은 다들 지속가능성을 향해 사회가 단일대오를 형성하는 것 말고는 달리 뾰족한 대안이 없다는 데 뜻을 같이했다.

— 우리의 지구, 얼마나 더 버틸 수 있는가(일 예거 Jill Jäger)
— 에너지 위기, 어떻게 해결할 것인가(헤르만-요제프 바그너 Hermann-Josef Wagner)
— 기후 변화, 돌이킬 수 없는가(모집 라티프 Mojib Latif)
— 경제성장과 환경 보존, 둘 다 가능할 수는 없는가(베른트 마이어 Bernd Meyer)
— 전염병의 위협, 두려워만 할 일인가(슈테판 카우프만 Stefan Kaufmann)
— 생물 다양성, 얼마나 더 희생해야 하는가(요제프 H. 라이히홀프

Josef H. Reichholf)

— 바다의 미래, 어떠한 위험에 처해 있는가(슈테판 람슈토르프·캐서린 리처드슨Stefan Rahmstorf & Katherine Richardson)

— 물 부족 문제, 우리가 아는 것이 전부인가(볼프람 마우저Wolfram Mauser)

— 고갈되는 자원, 더 효율적으로 사용할 수 없는가(프리드리히 슈미트-블레크Friedrich Schmidt-Bleek)

— 미래의 식량, 모두를 먹여 살릴 수 있는가(클라우스 할브로크 Klaus Hahlbrock)

— 과밀한 세계? 세계 인구와 국제 이주(라이너 뮌츠·알베르트 F. 라이터러Rainer Münz & Albert F. Reiterer)

— 새로운 세계질서 구축: 미래를 위한 지속가능한 정책(하랄트 뮐러Harald Müller)

공적 토론

내가 이 프로젝트를 추진할 용기를 얻고, 또 시민사회와 연대하고, 그들에게 변화를 위한 동력을 제공해 줄 수 있으리라 낙관하게 된 것은 무엇 때문이었을까?

첫째, 나는 최근 빈발하는 심각한 자연재해 탓에 누구나 인간이 이 지구를 얼마나 크게 위협하고 있는지 민감하게 깨달아가고 있음을 알게 되었다. 둘째, 지속가능한 발전이라는 개념을 시민들이 이해하기 쉬운 언어로 포괄적이면서도 집중적으로 다룬 책이 시중에 거의 나와 있지 않았다.

이 시리즈 일차분이 출간될 즈음 대중은 기후 변화나 에너지 같은 주제에는 큰 관심을 기울이고 있었다. 이는 2004년 지속가능성에 관한 공적 담론에 필요한 아이디어와 선결 조건을 정리할 무렵에는 기대하기 힘들었던 것이다. 특히 다음과 같은 사건들이 계기가 되어 이러한 변화가 가능했다.

첫째, 미국은 2005년 8월 허리케인 카트리나로 뉴올리언스가 폐허로 변하고 무정부 상태가 이어지는 모습을 속절없이 지켜보아야 했다.

둘째, 2006년 앨 고어Al Gore가 기후 변화와 에너지 낭비에 관해 알리는 운동을 시작했다. 그 운동은 결국 다큐멘터리 「불편한 진실」An Inconvenient Truth로 결실을 맺었는데, 이 다큐멘터리는 전 세계 모든 연령층에 강렬한 인상을 남겼다.

셋째, 700쪽에 달하는 방대한 스턴 보고서Stern Report가 발표되면서 정치인이나 기업인들의 경각심을 이끌어냈다. 영국 정부가 의뢰한 이 보고서는 2007년 전직 세계은행 수석 경제학자인 니컬러스 스턴Nicholas Stern이 작성하고 발표했다. 스턴 보고서는 우리가 "과거의 기업 행태를 답습하고" 기후 변화를 막을 수 있는 그 어떤 적극적 조치도 취하지 않는다면 세계경제가 얼마나 큰 피해를 입을지 분명하게 보여주었다. 더불어 스턴 보고서는 우리가 실천에 나서기만 한다면, 그 피해에 치를 비용의 10분의 1만 가지고도 얼마든지 대책을 세울 수 있으며, 지구 온난화에 따른 평균기온 상승을 2℃ 이내로 억제할 수 있다고 주장했다.

넷째, 2007년 초에 발표된 기후 변화 정부간 위원회Intergovernmental Panel for Climate Change; IPCC 보고서가 언론의 열렬한 지지를 얻고 상당한 대중적 관심을 모았다. 그 보고서는 상황이 얼마나 심각한지를 이례적으로 적나라하게 폭로하며 기후 변화를 막을 과감한 조치를 촉구했다.

마지막으로, '지구를 살리자'Save the world라는 빌 클린턴의 호소와 빌 게이츠, 워런 버핏, 조지 소로스, 리처드 브랜슨 같은 억만장자들의 이례적 관심과 열정을 꼽을 수 있다. 전 세계 사람들에게 각별한 인상을 남긴 그들의 노력을 빼놓을 수는 없다.

이 시리즈 열두 권의 지은이들은 각자 맡은 분야에서 지속가능한 발전을 지향하는 적절한 조치를 제시해 주었다. 우리 행성이 경제·생태·사회 분야에서 지속가능한 발전으로 성공리에 이행하려면 하루아침이 아니라 수십 년이 걸리리라는 사실을 우리는 늘 유념해야 한다. 지금도 여전히 장기적으로 볼 때 가장 성공적인 길이 무엇일지에 대해서는 딱 부러진 답이나 공식 같은 게 없다. 수많은 과학자들, 혁신적인 기업인과 경영자들은 이 어려운 과제를 풀기 위해 창의성과 역량을 총동원해야 할 것이다. 갖가지 난관에도 불구하고 우리는 희미하게 다가오고 있는 재앙을 극복하기 위해 과연 어떤 목적의식을 가져야 하는지 확실하게 인식할 수 있다. 정치적 틀이 갖춰져 있기만 하다면, 전 세계의 수많은 소비자들은 날마다 우리 경제가 지속가능한 발전으로 옮아가도록 돕는 구매 결정을 내릴 수 있다. 더욱이 국제적 관점에서 보자면 수많은 시민들이 의회를 통해 민주적으로 정치적 '노선'을 마련할 수도 있을 것이다.

최근 과학계·정치계·경제계는 자원 집약적인 서구의 번영 모델(오늘날 10억 명의 인구가 누리고 있는)이 나머지 50억 명(2050년이 되면 그 수는 최소 80억으로 불어날 것이다)에게까지는 확대될 수 없다는 데 의견을 같이한다. 인구가 지금 같은 추세로 증가한다면 조만간 지구의 생물물리적biophysical 수용 능력으로는 감당이 안 되는 지경에 이를 것이다. 현실이 이렇다는 데 대해서는 사실 논란의 여지가 없다. 다만 우리가 그 현실에서 어떤 결론을 이끌어내야 할 것인가가 문제일 뿐이다.

심각한 국가간 분쟁을 피하고자 한다면 선진국은 발전도상국이나 문지방국가threshold countries, 선진국 문턱에 다다른 국가보다 자원 소비량을 한층 더 줄여야 한다. 앞으로 모든 국가는 비슷한 소비 수준을 유지해야 한다. 그래야 발전도상국이나 문지방국가에게도 적절한 번영 수준을 보장해 줄 수 있는 생태적 여지가 생긴다.

이처럼 장기적 조정을 거치는 동안 서구 사회의 번영 수준이 급속도로 악화되지 않도록 하려면, 높은 자원 이용 경제에서 낮은 자원 이용 경제로, 즉 생태적 시장경제로 한시바삐 옮아가야 한다.

한편 발전도상국과 문지방국가도 머잖아 인구 증가를 억제하는 데 힘을 쏟아야 할 것이다. 1994년 카이로에서 유엔 국제인구발전회의International Conference on Population and Development: ICPD가 채택한

20년 실천 프로그램은 선진국의 강력한 지지를 기반으로 이행되어야 한다.

만약 인류가 자원과 에너지의 효율을 대폭 개선하는 데, 그리고 인구 성장을 지속가능한 방식으로 조절해 가는 데 성공하지 못한다면, 우리는 생태 독재eco-dictatorship라는 위험을 무릅써야 할지도 모른다. 유엔의 예견대로 세계 인구는 21세기 말 110억에서 120억 명으로 불어날 것이다. 에른스트 울리히 폰 바이츠제커Ernst Ulrich von Weizsäcker가 말했다. "국가는 안타깝게도 제한된 자원을 분배하고, 경제활동을 시시콜콜한 부분까지 통제하고, 환경에 이롭도록 시민들에게 해도 되는 일과 해서는 안 되는 일까지 일일이 제시하게 될 것이다. '삶의 질' 전문가들이 인간의 어떤 욕구는 충족될 수 있고, 또 어떤 욕구는 충족될 수 없는지를 거의 독재자처럼 하나하나 규정하게 될는지도 모른다."(『지구정치학』Earth Politics)

때가 무르익다

이제 근원적이고 비판적으로 재고해 보아야 할 때가 되었다. 대중은 자신이 어떤 유의 미래를 원하는지 결정해야 한다. 진보, 삶의 질은 해마다 일인당 국민소득이 얼마 증가하느냐에 달린 게 아니며, 우리의 욕구를 충족시키는 데 그렇게나 많은 재화가 필요한 것도 아니다. 이윤 극대화나 자본 축적 같은 단기적 경제 목표야말로 지속가능한 발전의 가장 큰 걸림돌이다. 우리는 지방분권화되어 있던 과

거의 경제로 되돌아가야 하고, 그리고 세계무역이나 그와 관련한 에너지 낭비를 의식적으로 줄여가야 한다. 만약 자원이나 에너지에 '제값'을 지불해야 한다면 세계적인 합리화나 노동 배제 과정도 달라질 것이다. 비용에 따른 압박이 원자재나 에너지 분야로 옮아갈 것이기 때문이다.

지속가능성을 추구하려면 엄청난 기술혁신이 필요하다. 하지만 모든 것을 기술적으로 혁신해야 하는 것은 아니다. 삶의 모든 영역을 경제 제도의 명령 아래 뉘두려 해서도 안 된다. 모든 이들이 정의와 평등을 누리는 것은 도덕적이고 윤리적인 요청일 뿐 아니라 길게 봐서는 세계 평화를 보장하는 가장 중요한 수단이기도 하다. 그러므로 권력층뿐 아니라 모든 이들이 공감할 수 있는 새로운 토대 위에 국가와 국민의 정치 관계를 구축해야 한다. 또한 국제 차원에서 합의한 원칙 없이는 이 시리즈에서 논의하고 있는 그 어떤 분야에서도 지속가능성을 실현하기 어렵다.

마지막으로, 지금 같은 추세라면 21세기 말쯤에는 세계 인구가 110억에서 120억 명에 이를 것으로 추산되는데, 과연 우리 인류에게 그 정도로까지 번식을 해서 지구상의 공간을 모조리 차지하고 그 어느 때보다 극심하게 다른 생물종의 서식지와 생활양식을 제약하거나 파괴할 권리가 있는지 곰곰이 따져보아야 한다.

미래는 미리 정해져 있지 않다. 우리의 실천으로 스스로 만들어가야 한다. 우리는 지금껏 해오던 대로 할 수도 있지만 그렇게 한다면 50년쯤 후엔 자연의 생물물리학적인 제약에 억눌리게 될 것이다.

이것은 아마도 불길한 정치적 함의를 띠는 것이리라. 하지만 아직까지는 우리 자신과 미래 세대에게 좀 더 공평하고 생명력 있는 미래를 열어줄 기회 또한 있다. 그 기회를 잡으려면 이 행성 위에 살아가는 모든 이들의 열정과 헌신이 필요하다.

2008년 여름

클라우스 비간트Klaus Wiegandt

지은이 서문

환경보호가 어떻게 생태 전략으로 바뀌었나?

1988년 12월 31일에 있었던 일이다. 우리는 오스트리아의 수도 빈에서 멀리 떨어지지 않은, 정확하게 말하면 비더만스도르프Biedermannsdorf라는 눈 덮인 마을에서 러시아 친구 몇 명과 신년맞이 파티를 하고 있었다. 손님 중에는 당시 고르바초프 러시아 대통령의 수석 경제 고문인 스타시 샤탈린Stash Shatalin도 있었다. 샤탈린은 보드카 몇 병을 가져왔고, 내 아내 마리는 프랑스 프로방스산 포도주를 곁들인 프랑스식 식사를 준비했다. 저녁때 손님 몇 명이 그들의 조국 러시아에 경의를 표하는 노래를 부르고 난 뒤, 나는 한동안 내 관심을 사로잡았던 문제에 대해 샤탈린에게 질문을 던졌다. 환경*보호를 위한 성공적인 서구 모델을 언제쯤 소련에 적용할수 있을지에 대해 알고 싶었다. 아무튼 우리는 크렘린의 요구로 빈

근교의 락센부르크에 있는 국제응용시스템분석연구소IIASA에서 러시아의 경제적 미래를 위한 수많은 법률 초안을 논의해 왔고, 이들 초안을 서구적 개념에 맞게 손질하는 작업을 해오고 있었다. 나는 이 과정에서 소련의 환경보호 수준이 열악하다는 사실을 알게 됐고, 서구에서 과거에 했던 것처럼 소련에서도 환경보호를 시작할 때가 되었다고 생각했던 것 같다. "니예트Nyet." 내 질문에 대한 그의 답변은 냉정하고도 똑 부러졌다. 이어진 그의 설명은 나를 땅바닥으로 쿵 하고 내동댕이치는 듯했다. 샤탈린이 "우리 러시아가 시장경제의 서구처럼 부자 나라가 됐을 때에나, 당신들처럼 환경보호에 돈을 쓸 수 있을 것이요"라고 내뱉듯 답변했기 때문이다.

정곡을 찌르는 말이었다. 분명히 옛날식 환경보호는 매우 잘못되어 있었다. 우리는 부자 나라들만이 감당할 수 있는 환경보호 조처들을 개발해 왔던 것 같았다. 러시아마저도 서구식 환경보호를 감당할 수 없다면, 다른 많은 나라들의 사정은 어떤가? 예를 들어, 중국·인도·인도네시아·브라질 같은 나라들은 자국의 환경문제를 어떻게 해결하려 할 것인가? 부자 나라인 경제협력개발기구OECD 회원국들이 언젠가 어려운 시기에 처하게 된다면 무슨 일이 벌어지게 될까?

나는 우리의 사고방식과 시스템이 어디에서 잘못됐는지에 대한 생각을 멈출 수가 없었다. 비용이 많이 드는 정부 규제 조처들을 시행하는 10~20여 개국에서 환경보호를 수행하는 일이 우리가 할 수 있는 전부라고 한다면, 이 행성 지구를 구하는 일은 거의 불가능할 것이다. 다른 나라들이 부유해질 때까지 수십 년을 기다린다 하더라도, 우리의 생활 방식 그 자체가 환경 악화의 심각한 원인이 된 것이 아닌가? 이날 일은 주목할 만한 사건이었다. 원래 러시아 계획 경제에 전념해 온 경제학자 한 명을 제외하고 어느 누구도 우리의 서구적 시스템의 결함을 지적한 적이 없었다. 개별적인 대응 조처로 경제의 근본적 잘못을 치유한다는 것은 시스템적으로 불가능하다. 나는 이 점을 그때서야 깨달았다. 그렇다면 우리는 어떻게 앞을 향해 나갈 수 있을 것인가?

2005년 인류 사회의 지속가능성"이 최상의 지구적 목표로 선언되었다. 그 이후 세계경제는 사회적으로 정당한 방법으로, 그리고 생태계"와의 조화 속에 경제적 번영"을 창출해야 했다! 이 말의 의미는 명확하다. 또한 인류 역사에서 한 가지 목표를 세워 현실에 제대로 대처한 적이 거의 없다는 점도 분명하다.

가장 큰 문제는 우리가 미래에도 생존이 가능한 방식으로 어떻게 살아갈 수 있을까 하는 점이다. 달리 말하면, 지속가능성 즉 미래의 생존 가능성의 문제다. 이 개념은 모두를 잘살 수 있게 하고, 동시에 지구적 수준에서 미래를 위해 의존하게 될 자연적·사회적·경제적 기초를 동시에 확보할 수 있는 경제의 능력이라고 정의할 수 있다.

샤탈린과 대화를 나눈 이후 나는 우리 문제의 근원을 환경에서 찾기 시작했다. 어떤 이유에서 우리의 경제 발전 방식이 건강한 환경의 보존과 모순되는 것일까? 우리가 자연의 생물지구화학적 주기biogeochemical cycle를 어떤 수단으로 어떻게 변화시키고 있는 것일까? 우리는 무엇 때문에 우리 자신이 자연이 제공하는 매우 귀중한 서비스에 손상을 주고 있다고 걱정해야 하는가? 자연의 서비스가 없었다면 우리는 존재할 수도 없었을 것이다. 자연의 서비스는 우리의 생존에도 필요하다.

예를 들어, 이들 자연의 서비스에는 위생적인 물과 숨 쉴 순수한 공기의 제공, 비옥한 토양의 형성과 보존, 외계의 위험한 방사선으로부터의 보호, 종의 다양성, 그리고 종을 이어가는 정자의 능력 등이 포함된다. 만약 생태계의 이들 서비스*가 시장에서 거래된다면, 그 가격은 실로 엄청나게 비쌀 것이다. 누군가 이런 서비스에 많은 비용을 지불할 생각을 한다면, 생태계는 좁은 지역에 제한적으로만 남게 되고 앞으로 오랫동안 기술로 대체할 수 없게 될 것이다.

이런 직관에 몰두하다 보니, 새로운 아이디어가 섬광처럼 머릿속에 떠올랐다. 돌이켜 보면 과거에는 하찮게 보였던 아이디어였다. 우리 경제를 통해 많은 천연자원*을 뽑아내면 낼수록, 그것들을 각각 쓸모 있는 것들로 만들어내기 위해 더욱더 많은 천연 원료를 소비하게 되고, 지구상에서 우리의 삶을 지탱해 주는 데 유용한 기반은 더욱더 많이 변화하게 될 것이다. 왜냐하면, 우리가 기술적 수단을 이용해 물질을 움직일 때마다, 그리고 자연에서 자원을 추출할 때마다, 자연의 동적인 평형 구조는 바뀌게 될 것이기 때문이다. 그로 인한 불확실한 결과로 인해 생태계의 지속적인 진화가 영향을 받게 될 것이다.

이러한 생각에서 한 걸음 더 나아갔다. 기술로 인해 발생한 자원의 흐름은 생태적 평형의 동력을 변화시킬 뿐 아니라 지구 표면의 훨씬 많은 부분을 탈자연화시킨다. 물론, 자연은 인간이 만든 수억 가지 모든 변화에 반응하면서, 새로운 평형을 만들어 새로운 상황에 적응해 나간다. 단적으로 말하면, 자연은 변환 과정에 있다. 어떤 과학이나 어떤 컴퓨터 프로그램으로도 원래 상태로 돌리는 것은 고사하고 이런 변화의 다양성과 강도를 예측하거나, 재조직하고, 설명할 수 없다.

내 생각의 결론은 생각 그 자체만큼이나 하찮은 것이었다. 물질의 효율성*이 좋으면 좋을수록, 수탈되는 지구 표면적도 더 적어진다. 달리 말하면, 모든 가공 과정*과 상품, 그리고 서비스*의 자원 생산성*이 높을수록, 우리를 지탱해 주는 생태계의 과도한 긴장도 그만큼 줄어들게 될 것이다. 하나의 그림을 그려보자. 자연이 결정해 준 잘 규정된 통로 안에서 경제를 조직해 나가야 한다. 이 말은, 예방적 환경보호와 지속가능한 경제로 나아가기 위해선 지난 세기 광란의 성장 속에서 우리가 익히 해오던 것보다 자연 자원을 더욱 절약하여 사용할 것을 요구한다는 뜻이다.

1998년 앙겔라 메르켈Angela Merkel은 독일연방 환경장관 재임 막바지에, 2005년까지 독일 경제의 자원 생산성을 2.5배로 높인다는 내각의 결정을 이끌어냈다. 녹색당은 생태계 보호에 관한 정부 책임을 떠맡은 이후에 더 이상 이런 생각을 밀어붙이지 않았다. 자원 생산성은 2005년 11월 연정 합의에서 전략적 요소로서, 여전히 다소 신중하지만 매우 눈에 띄는 새로운 역할을 하고 있다. 2006년 1월

9일 지그마르 가브리엘Sigmar Gabriel 독일연방 환경장관은 독일의 주요 일간지인 『쥐트도이체 차이퉁』과의 인터뷰에서 "에너지와 자원에 대한 정보가 금세기의 근본적인 기술이 될 것이라는 여러 징후가 있다"고 말했다.

우리는 지속가능한 발전을 이루기 위해 전체론적인 정책을 성공적으로 추구해야 한다. 균형 잡힌 정책 결정을 이끌어내기 위해 성장 가능성의 다른 차원들이 서로서로 어떻게 결합할 수 있는지를 우리는 아직 알지 못한다. 이 책은 우리 시민들이 유럽에서 미래의 구체적 모습을 만들어가는 데 어떻게 기여할 수 있는가에 대한 이해를 제공하고자 한다. 복지 증진이 그 중심적 역할을 하게 될 것이다.

감사의 글

먼저 클라우스 비간트Klaus Wiegandt의 선견지명과 '책임성포럼'Forum für Verantwortung 시리즈의 실현을 위해 보내준 그의 꾸준한 후원에 감사를 드린다. 이 시리즈가 지구상에서 우리 존재들의 경제적·사회적·생태적 지속가능성으로의 길을 열어가는 데 기여하게 되길 바란다. 그 길은 훨씬 더 어려워지고 있다.

에른스트 페터 피셔Ernst Peter Fischer의 도움에도 특별히 즐거운 마음으로 감사를 표하고자 한다. 내 비전과 생각을 풍성하게 해준 그는 그것들을 내가 이 책에서 독자들에게 제시하고 명료하게 정리하는 데 도움을 주었다. 마지막 단계에서 불완전한 텍스트의 교정을 맡아준 빌리 비어터Willy Bierter에게도 감사의 뜻을 전하고 싶다.

'팩터10'■(Factor 10)과 'MIPS'■(서비스 단위당 투입■된 물질의 양) Material Input Per Unit of Service의 개념을 인식하고 효과적으로 만들어준 노력에 대해 과거 부퍼탈기후연구소에서 함께 일했던 연구

진에게도 이번 기회를 통해 다시 한 번 감사의 마음을 전하고 싶다. 슈테판 브링게추Stefan Bringezu, 프리드리히 힌터버거Friedrich Hinterberger, 크리스타 리트케Christa Liedtke, 크리스토퍼 만슈타인Christopher Manstein, 요아힘 슈팡겐베르크Joachim Spangenberg, 하르트무트 슈틸러Hartmut Stiller, 그리고 욜라 벨펜스Jolla Welfens가 그들이다. 처음부터 나와 함께해 준 해리 레만Harry Lehman의 지식과 날카로운 비판도 고맙게 생각한다.

'팩터10'의 개념을 널리 보급하고 심화시켜 준 전 세계에 있는 나의 친구들에게도 감사의 뜻을 밝히고 싶다.

나의 아내 마리의 성인 같은 인내가 없었다면, 이 책은 세상의 빛을 보지 못했을 것이다. 단순한 감사의 말보다 훨씬 더한 영원한 감사를 전한다.

나의 일곱 아이들과 며느리들, 그리고 특히 열일곱 명의 손자들에게 이 책을 바친다.

2006년 5월
프랑스 프로방스의 카르눌에서

· 차례 ·

일러두기

- 본문 중 오른쪽에 ■ 기호가 붙은 용어는 본문 뒤 부록으로 실은 「용어 설명」에서 자세한 내용을 확인할 수 있습니다.
- 이 책 12~13쪽에 나오는 지속가능성 시리즈의 각 권 제목들은 처음 열 권을 제외하고는 아직 한국어 판이 나오지 않은 책들입니다.

1 움직이는 지구

사람들은 더 좋은 세상을 만들기 위해 일하고, 이를 위해 자연을 이용하고 싶어 한다. 가능한 한 효율적이고 성공적으로 이 일을 하기 위해 사람들은 과학을 생각해 냈다. 자연의 법칙에 대한 지식이 있는 우리는 독일의 시인이자 극작가인 베르톨트 브레히트Bertolt Brecht가 『갈릴레이의 생애』에서 주인공 갈릴레오 갈릴레이의 입을 통해 말했던 것처럼, "인간 생활을 편안하게 하기 위해" 과학을 이용하는 위치에 서게 되었다. 그렇게 함으로써 먼저 유럽에서, 그다음에는 지구상의 다른 지역에서 많은 사람이 광범위한 물질과 사회보장을 누리는 상당한 번영을 이룰 수 있었다는 점을 애써 강조할 필요는 없을 것 같다.

그러나 우리의 자연 이용은 자연법칙의 적용 수준을 넘어서까지 확대되었다. 우리는 자연이 공짜로 제공하는, 예를 들어 석유와 광물, 토지 그리고 물과 같은 자원을 소비함으로써 훨씬 더 많은 자연

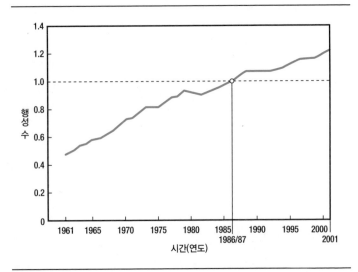

그림 1 한 행성의 자원 소비

모든 국가는 자국민을 위한 식량의 생산, 물에 대한 접근권 확보, 주택과 인프라 건설, 일자리와 사회
보장의 제공뿐만 아니라 위락지 건설을 위해 토지가 필요하다. 지속가능성에 관한 국제적 싱크탱크인
'국제생태발자국'의 마티스 바커나겔(Matis Wackernagel) 회장이 개발한 '생태발자국'(Ecological
Footprint)은 이런 개념을 위한 측정 기준이다. 생태발자국은 해마다 자연이 갱신하는 양보다 많은
자원을 전 세계가 소비하고 있으며, 서구인들이 전체의 약 80퍼센트를 사용하고 있음을 보여주고 있
다. 달리 말하면, 매년 8000만 명씩 인구가 늘어나는데, 서구인들이 공정한 몫보다 훨씬 더 많은 양
을 소비하고 있다.

을 이용하는 경향이 있다. 우리는 이들 자원을 거대한 물질의 흐름
으로 변환하기 위해 엄청난 양의 에너지를 소비한다. 거대한 물질의
흐름은 자신들의 욕구를 충족하고자 하는 사람들이 사는 곳에 도
달하기 위해 지구를 빙빙 돌게 된다. 상당히 오랜 시간 동안, 우리는

우리의 복지를 증진하기 위해 점점 더 지구를 움직이기 시작했고, 이런 작업 방식 modus operandi에 한계가 있다는 점을 너무나 천천히 조금씩 깨닫게 되었다. 경제 시스템과 생태 시스템에 관련된 문제들을 연구한 많은 과학자들은, 모든 사람이 현재 세계 최고 수준의 유럽이나 미국의 소비자들만큼이나 많은 양의 천연 원료를 소비한다면 지구상의 이용 가능한 천연 원료만으로는 턱없이 부족할 것이라는 데 의견을 같이한다.

천연자원 관리 방식

이러한 상태에서 나온 결과가 환경보호와 시장경제 사이의 공생을 이루어야 할 우리 사회의 의무이다. 즉 우리는 환경에서 얻은 자원으로부터 지금까지 우리가 했던 것보다 더 많은 것을 만들어내려고 시도해야 한다. 우리가 생산품과 환경재(물, 광물자원, 토양 등)를 보다 효율적으로 이용하게 된다면, 자연으로부터 자원을 덜 추출해도 될 것이다. 또한 역사적으로 환경보호에 결정적 도전이 되었던 문제를 처리하는 데에도 곤란을 덜 겪게 될 것이다. 우리가 환경으로 끌어들여 토양과 공기, 그리고 물에 부담을 주었던 폐기물▪이 바로 그 문제이다. 왜냐하면, 우리가 보다 적은 자원을 가지고도 현재 수준에 필적할 번영을 이루는 데 성공할 수 있다면(즉 우리가 목표하고 계획했던 대로 자원 생산성을 높일 수 있다면), 결국 우리 경제는 대기 오염 물질을 보다 적게 배출▪하고, 수명을 다한 생산품뿐 아니라, 철

환경 지표	지구적 흐름
대기	지구의 기후는 지난 100년간 0.6~0.7℃씩 상승해 왔다. 대부분의 지구 온난화는 인간 활동 때문이다.
습지	1900년 이후, 물의 순환과 생물 다양성에 기여하는 지구 습지의 절반 이상이 사라졌다.
생물 다양성	바다와 육지에서 종이 급격히 감소했다. 현재 지구는 지구의 역사에서 제6차 멸종기에 처해 있다고 얘기되고 있다.
토양 및 토지	육지 면적의 50퍼센트(추정)가 직접적인 인간의 영향으로 인한 충격을 받아왔다. 23퍼센트 경작지의 토질이 생산성 결과로 인해 악화됐다.
물	접근 가능한 담수의 절반 이상이 인간의 목적을 위해 사용되고, 그 결과 거대한 지하 담수원이 굴착되고 남용됐다.
산림	인류의 역사기에 산림 면적이 60억 헥타르에서 39억 헥타르로 줄어들었다. 16세기 이후 29개국에서 산림의 90퍼센트 이상이 사라졌고, 1990년 전 세계 산림면적은 4.2퍼센트가 줄었다.
어장	수많은 어류 자원의 남획으로 대양과 해안 생태 시스템의 생태적 균형이 위험에 처해 있다. 식량농업기구(FAO)에 따르면, 모든 어류 자원의의 4분의 1 이상이 현재 고갈됐거나 고갈의 위협을 받고 있다. 어류 자원의 50퍼센트 이상이 생물학적 한계 상황에서 남획되고 있다.

표 1 자원 소비에서 나타난 몇 가지 지구적 흐름

천연자원(natural resources)

천연자원은 자연에서 이용 가능한 모든 무생물 원료와 생물 원료(광물, 화석연료 및 핵에너지원, 식물, 야생동물 및 생물 다양성), 흐름 자원(풍력, 지열, 조력 및 태양에너지), 공기, 물, 토양, 그리고 공간(인간 정착을 위한 토지 사용, 인프라, 산업, 광물 추출, 농업과 임업)을 일컫는다.

거 건물과 도로, 교량 등과 같은 인프라■ 시설까지를 포함한 폐기
물을 보다 적게 만들어내게 될 것이기 때문이다. 유리한 상황에서도
자원은 그렇게 비용이 든다. 우리가 적절하게 관리를 하게 된다면,
다시 말해 물질적 번영을 위한 비용을 줄이는 동시에 생태계에 대
한 압박을 줄여나간다면, 두 배의 이익을 얻을 수 있을 것이다.

우리는 보다 많은 천연 원료를 요구하는 우리 경제의 갈증을 줄
여나가야 한다. 미래를 위해 해야 할 큰 일 중의 하나는 경제를 탈
물질화dematerialization ■(생산에 들어가는 천연 원료의 사용을 줄이는
것―옮긴이)하고, 다른 발전 방식과 성장의 길을 모색하는 것이다.

경제의 탈물질화

2001년 초 유럽연합EU 회원국의 정상들은 "경제성장과 자원 사
용을 탈동조화decouple 해야 한다"는 점을 인정했다. 이 책에서 긴급
하게 권고하는 점이다. 지금은 일반적 용어가 된 '지속가능한 발전'
이란 목표에 우리가 도달하려면, 경제성장과 자원 사용의 탈동조화
는 그 전제 조건이다. 천연자원의 제한적 사용을 고려하고, 미래 세
대의 삶의 질에 제한을 가하는 모든 경향을 피하려는 발전이라면,
이것은 지속가능한 발전이라 할 만하다.

지속가능한 발전이란 오늘을 살고 있는 인류의 대다수가 안전하
고 존엄스럽게 생활 조건을 개선하고, 더 많은 만족과 복지를 향유
하는 것을 뜻한다. 이는 이 책에서 내가 말하고자 하는 바이다. 우

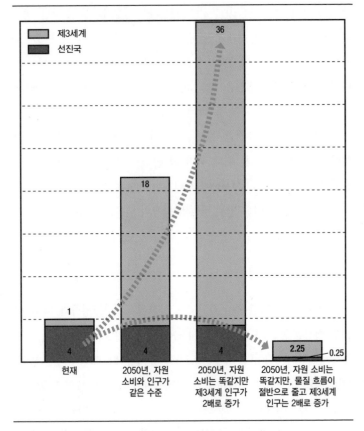

그림 2 지구적 물질 흐름에 대한 접근은 물질적 번영을 위한 기반을 제공한다.

1인당으로 따져보면, 물질 흐름에 대한 접근은 오늘날 매우 불균등하게 분배되어 있다. '제3세계' 국가의 국민수가 계속 늘어나고, 그들의 소비가 선진국 국민의 수준에 접근하게 되면, 2050년에는 현재 우리가 필요한 자원의 7배가 필요하게 될 것이다. 오늘날 이미 과잉 확대된 우리의 생태계는 필요한 자원을 제공하지 못하게 될 것이다. 우리는 핵심적 서비스를 확보하기 위해 물질 흐름을 줄여나가야 한다. 즉 경제를 탈물질화해야 한다.

리가 이룩했던 번영의 수준을 제한하자고 설교하는 것은 아니다. 목표를 세워 자원의 사용을 줄여나감으로써 지구적 수준에서까지 지속가능한 발전을 성공적으로 달성하기 위한 길을 제시하고자 하는 것이다. 이렇게 되면 보다 많은 사람이 그런 발전의 혜택을 보게 될 것이다.

앞서 탈물질화 개념을 핵심어 keyword로 언급했다. 이런 목표를 이해하고 수용한다면, 과거의 목표와는 달리 방향 제시의 초점으로 탈물질화를 이용해 경제적·기술적으로 생각하게 될 것이다. 이 책에서 앞으로 구체적으로 제시하는 대로, 환경 지능형 제품*과 서비스를 위한 완전히 새로운 시장이 출현하게 될 것이다. 혁신의 잠재력은 엄청날 것이다. 이런 혁신은 기민한 기업주와 기업인들에게 보다 훌륭한 의사 결정 기술과, 경쟁보다 나은 아이디어들을 채용해 이윤을 더할 기회를 가져다줄 것이다. 동시에 새로운 일자리가 만들어질 것이다. 이러한 도전과 우리 경제에 유리한 기회가 이 책의 주요 테마이다.

자원의 이동

1993년 탈물질화 경제에 대한 나의 비전을 책의 형태로 처음으로 발표한 적이 있다. 당시 나는 환경보호를 실천하면서 우리가 책임지고 있는 뭔가, 말하자면 거대한 물질이동과 같은 것을 거의 완전히 간과하고 있다는 점을 깨닫고 놀랐더랬다! 우리는 지구에 매장된 자원의 자연적 위치"로부터 천연자원을 제거할 때일지라도, 또 천연자원을 다른 장소로 이동시키기만 해도 생태계와 진화에 실질적으로 혼란을 야기한다. 우리의 번영을 위해 이동시킨 이 거대한 덩어리들을 전혀 사용하지 않는다 하더라도 말이다.

이런 식의 발전 사례를 살펴보자. 예를 들어 독일 쾰른 서쪽 윌리히의 노천 광산에 쌓여 있는 광산 폐기물은 위험물질이나 생물분해성biodegradability, 폐기물 처리의 문제가 아니라는 점을 독자들에게 상기시키고 싶다. 산더미같이 쌓인 엄청난 폐기물은 이것을 만들어낸 책임 있는 이들에게도 이익을 제공하지 못한다. 반대로, 폐기물에는 많은 돈이 들어간다. 이들 폐기물은 고전적인 환경 정책의 대상도 아니다. 그러나 이 광산 폐기물 더미들이 자연을 극적으로 파헤친 결과이며, 물질 집약적인 경제의 산물이라는 점을 의심할 사람은 아무도 없다.

인간이 만든 물질 흐름"의 결과에 대한 우리의 주의를 환기하기 위해 광산의 사례를 하나 더 들어보자. 오늘날 독일 루르 지역에서는 석탄을 캐낸 지하 갱도들이 무너져 내리고 있다. 7만 헥타르의 지역에서 약 6미터가량의 지반이 침하되었다. 그 결과가 무엇이겠는가?

매일 밤낮으로 엄청난 양의 물을 퍼내지 않는다면, 현재 수백만의 사람이 살고 있고, 수천 개의 기업이 일자리를 제공하는 곳에 거대한 호수가 생겨날 것이다. 머지않은 장래에 물을 퍼내는 데 소요되는 에너지가 석탄을 캐내 만들어냈던 에너지를 초과하게 될 것이

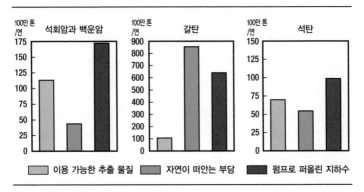

그림 3 자원 추출로 인한 생태적 배낭[*] 비교(서독, 1990년)

다. 앞으로도 오랜 동안, 미래 세대는 기술에 대한 20세기의 갈망으로 인한 대가를 그로부터 아무런 이득도 보지 못하고 계속 지불해야 할 것이다.

언젠가는 광산 폐기물 더미에서 식물들이 솟아날 수도 있을 것이다. 윌리히 인근에 썰매놀이 시설 계획도 세워지고 있다. 자연 스스로 많은 것을 '복원'할 수 있다. 때론 비관론자들이 생각하는 것 그 이상이다. 하지만 거기에는 시간이 필요하다. 생태계에 대한 인류의 개입이 빠르게 자연을 엉망으로 만들어 자연적 과정이 더는 효력을 발휘할 수 없다면, 과용의 문턱을 넘어서는 일이 점점 더 잦아질 것이다. 이 경우 우리가 지금과 같은 형태의 삶을 유지할 수 있는 기간에는 한계가 있다. 이는 우리의 지구가 제공하는 자원을 다 소진하거나 이동시켜 파괴할 때까지만이다. 우리의 생활양식과 경제는 지속가능하지 않게 될 것이다. 이 말은 우리가 이런 통찰에서 결과를 시급하게 도출해 내야 한다는 것을 의미한다.

기술적 수단과 끝없어 보이는 에너지 생산 가능성을 가지고 지구 상의 물질을 이동시키고, 무한하게 얻을 수 있다고 상상하는 다른 자원을 이용해 온 것이 지구상에서 인간의 삶이 지속가능해질 수 있는 경제 시스템을 확립하는 데 주요한 걸림돌이 되었다. 우리는 인간 경제가 지구 생태계에 의존하는 기생충에 가깝다는 사실을 잊지 말아야 한다. 우리의 삶은 생태계와 함께할 때만 가능하다. 우리가 어떤 변화를 만들어내지 못한다면, 우리의 숙주인 지구에 대해 아무 생각 없이 과도한 요구를 함으로써 우리 자신의 생존을 위태롭게 하는 길로 점점 들어서게 될 것이다.

그러나 생태학적 관점에서 보면, 개별 자원에 대한 부담을 줄여 미래 세대를 위해 자원을 보존하는 것이 가장 긴급한 일은 아니다. 1970년대 이래 유명한 과학자를 포함해 많은 이가 이를 촉구해 왔다. 오늘날의 관점에서 보면, 목표는 오히려 자로 잰 듯 신중하게 자연에서 자원을 추출하여 이동시키고 변환하는 것이 되어야 한다. 물질의 흐름과 그로 인한 생태적 결과가 심각한 문제이다. 미래 세대가 지구 안팎의 자연적 위치에서 그들의 목적을 위해 이용할 수 있는 자원의 양이 얼마가 되느냐는 것은 심각한 문제가 아니다.

지난 40년 동안 세계 경작지의 거의 3분의 1이 침식으로 유실되었다.(표 1 참조) 농업도 다른 산업과 마찬가지로 하나의 산업이라고 믿도록 우리 스스로를 설득해 왔던 것이 이런 일이 벌어진 주된 이유이다. 즉 농업도 갈수록 대형 기계를 사용해 점점 더 인력의 사용을 줄여나가면서 보다 많은 식량을 생산하는 산업이라고 생각했기 때문이다. 통계학자들은 표토의 보존에 대해 여전히 진지하게 생각하는 사람들보다 우리가 우월하다는 것을 입증하기 위해 그러한 수치를 사용하고 싶어 한다. (실제로) 매년 거의 1000만 헥타르의 농지와 750억 톤의 토양이 유실된다.

전 세계적으로 이러한 생태적 재앙을 적어도 겉으로만이라도 용인하는 숙명론이 퍼져 있는 것을 보면 무섭기까지 하다. 이런 숙명론은 가령 테러리스트에 의한 위험에 대해 취하는 태도와 대조적이다. 사실, 엄청난 식량 수요를 충족시키는 농업 방식이란 상상할 수 없다. 더욱이 내일이나 20년 뒤, 혹은 100년 뒤에도 앞서 말한 기준에 맞춰 수행되는 농업 방식으로 그러리라고는 상상할 수도 없다. 그러나 우리의 제한된 행성에서 다양한 문화를 향유하고 사는 수십억 명의 사람들을 위한 미래가 있기를 원한다면, 바로 이것이야말로 우리의 목표가 되어야 한다.

정치적으로 말해, 탈물질화로 경제의 폐기물 흐름과 대기오염 배출을 결정적으로 줄일 수 있다는 시각은 크게 환영받아야 한다. '폐순환 경제'(closed-loop economy, 폐기물 재활용을 통해 폐기물 발생을 획기적으로 줄이는 경제—옮긴이)에서 오늘날 급류와 같은 물질 흐름의 방향을 잡아준다고 해서 실제로 부정적 영향을 완화할 수는 없다는 점을 인식해야 한다. 매 순환마다 에너지와 추가적인 기계가 필요하다. 여기에는 수송이 필요하고 그래서 추가적인 물질 흐름이 생겨난다. 그리고 무엇보다도, 화학적·기술적 순환으로 애초 사용된 물질을 100퍼센트 회수할 수도 없다. 예를 들어, 알루미늄을 15번 재활용한다면, 원래 알루미늄의 3퍼센트도 안 되게 남는다. 실제로 '오래된' 알루미늄을 100퍼센트 수거할 수 없다는 사실에 비춰볼 때, 새로운 자연 자원으로 경제를 재충전하는 것이 불가피한 일이다.

다음에서 설명하겠지만, 폐순환과 재활용에 열정을 쏟다 보면 오늘날 이동된 질량의 30퍼센트 이상을 기술적으로 재활용하는 것이 불가능하다는 점을 망각하기 쉽다. 사전에 우리 경제에서 엄청난 자원의 흐름을 피할 때에만, 환경에 대한 부담을 필연적으로 완화할 수 있다. 그리고 그렇게 하는 방법을 배우는 일이 바로 우리의 도전 과제이다.

앞으로 설명하겠지만, 내가 도입한 측정 기준(MIPS, 서비스 단위당 투입된 물질의 양)은 자원 생산성의 관점에서 개별 사안마다 재활용 가치가 있는지 여부와 한도를 계산해 내는 데 도움이 될 것이다. 예를 들어, 오스트리아 포라를베르크에 있는 한스 슈퍼거Hans Sperger, www.putzlappen.at라는 기업은 일회용과 다회용 청소 걸레를 모두 시장에 내놓았다. 걸레는 헌 옷으로 만들었다. 친환경 폐기물 처리 비용을 포함해 일회용 걸레는 약 40퍼센트 값이 싸고, 일회용의 자원 생산성도 다회용보다 8배(즉 800퍼센트)나 우수하다.

만일 첫 단계front end에서 경제에 많은 것을 투입하면 마지막 단계back end에서 많은 것이 나오는 것을 막을 수 없다는 점은 자명한 이치이다. 이는, 우리가 익숙한 물질적 번영의 수준을 확보하고 증진하기 위해 생산·수송·사용하고, 상품과 건물, 인프라의 재활용과 폐기에 투입하는 에너지원,* 원광석, 모래 그리고 물과 같은 자원의 흐름에 모두 해당되는 말이다.

그러나 제2차 세계대전 이후 두 세대에 걸쳐, 경제성장에는 한계가 없다는 잘못된 믿음에 익숙해진 것도 사실이다. 이런 무한 성장을 최고의 목표로 여기고, 많은 사람이 아직도 그렇게 믿고 있다.(독일에서는 법으로 규정되어 있다.) 그래서 사람들이 점점 더 지나치게 요구를 하게 되었다. 1950년에 우리 할머니 세대들은 온수의 사용을 꿈꿨다. 하지만 오늘날의 많은 사람은 자동차와 에너지를 사용하는 다른 많은 기술 장비의 소유를 인간의 기본적 권리라고 믿고 있다.

경제관리 방식의 변화

1992년 브라질 리우데자네이루에서 '환경과 발전에 관한 유엔회의'(리우환경회의)가 열린 이후, 전 세계인들은 안정적인 생태적 체계의 조건에서 지속가능한 경제를 창출하는 일이 중요한 지구적 이슈라는 점을 늦게나마 인식하게 되었다.

우리는 이 목표에 도달하기 위하여 뭔가 새로운 것으로 우리의 관심을 돌려야 한다. 왜냐하면, 환경 정책이 경제의 마지막 단계(대기오염물질 방출 방지 및 폐기물의 재사용과 폐기)에 집중되는 한, 그리고 전통적으로 기능해 온 기술의 질에 대해 근본적인 의문을 갖지 않는 한, 환경보호로 인한 모든 추가 비용으로 위험에 빠지게 될 것이기 때문이다. 그리고 궁극적인 목표인 지속가능성은 더욱 멀어지게 될 것이다. 지속가능한 경제는 머나먼 이상향의 꿈으로 남게 될 것임에 틀림없다. 이는 알려진 모든 환경 피해를 단 한 가지 관련 원인, 즉 우리 경제가 토양과 공기, 그리고 물에 너무 많은 '유해 폐기물질'을 배출하고 있다는 사실에 귀속시키는 것은 비현실적임이 입증되었기 때문이다.

경제의 마지막 단계에서의 상시적이고 끝없는 정화 작업에는 더욱더 많은 비용이 든다는 사실을 논외로 하더라도, 그런 정화 작업도 환경 문제의 결정적 몫을 완전히 해결하지 못한다. 그 결정적 몫의 환경 문제는 자연적 매장지에서 물질을 이동시키는 것 자체가 환경적 발전에 혼란을 야기한다는 사실에서 생겨난다. 그 이동이 풍족한 생활 방식을 위한 상품을 생산하는 것이든 그것들을 단순히 광산 폐기물 더미처럼 쌓아놓는 것이든 아무 관계 없이 말이다. 앞서 지적한 대로, 가장 중요한 생태 문제는 기술적 수단을 이용해(그림 4) 이 지구상에서 이루어지고 있는 물질 흐름이다. 그러나 이런 물질 흐름은 경제의 마지막 단계가 아니라 첫 단계에서부터 시작된다. 지금까지 우리의 초점은 너무 한쪽으로만 치우쳐왔다. 즉 번영과 소비를 가져오는 시스템에서 나온 것들에 집중해 왔다. 이제는 처음부터 이 시스템에 무엇을 집어넣을 것인지에 관심을 돌려야 할 때이다. 바로 이 점이 이 책이 얘기하고자 하는 바이다.

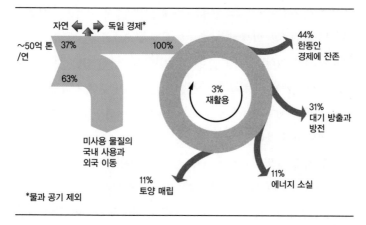

자연 ◀━▶ 독일 경제*

~50억 톤 /연   37%   100%

44% 한동안 경제에 잔존

63%

3% 재활용

31% 대기 방출과 방전

미사용 물질의 국내 사용과 외국 이동

11% 토양 매립

11% 에너지 소실

*물과 공기 제외

그림 4 2000년 독일(옛 서독)에서 물질적 번영을 위해 이루어진 연간 수십억 톤의 물질 이동 (물과 공기 제외)

각각의 경제활동을 거친 뒤 중요한 종착점엔 백분율이 주어진다. 그림은 원래 움직이기 시작한 천연 원료의 약 3분의 2가 번영을 위한 시스템에 들어가지 못하고 있음을 보여준다. 예를 들어, 이는 채광 활동에서부터 과도하게 채굴된 양과 광석이 채굴될 때 발생하는 쓸모없는 폐석의 양을 일컫는다. 이들 가운데, 상당 부분은 다른 나라에 남게 되지만, 독일로 수입되는 생태적 배낭을 계산할 때는 포함되어야 한다.(이들 수치는 부퍼탈연구소의 슈르츠가 제공했다)

    '경제활동'이 전 세계 수백만 명의 사람이 손으로 구덩이를 파고, 황소를 이용해 논밭을 경작하고, 보호 성벽을 쌓고, 곡식 가루를 만들기 위해 풍력을 이용하는 것을 의미할 때까지만 해도, 지구는 인간의 이런 개입에 대해 종종 스스로 대처할 수 있었다. 분명 지구의 자연 발생적인 변화의 동력이 교란되기는 했지만 특정 시점에 어떤 결과를 낳은 것은 아니다. 예를 들어, 북아프리카와 옛 유고슬라비아에서는 산업화가 이루어지기 훨씬 이전부터 인간이 만들어놓은

폐허를 오늘날 찾아볼 수 있다. 로마제국이 지중해 지역을 지배하던 시기에, 병사들을 위한 빵을 만들기 위해 북아프리카 지역의 비옥한 토양을 고갈시켰기에 지금 그곳에는 사막만이 남아 있다. 그리고 도시국가인 베네치아공화국은 상선단을 건조하기 위해 서유고슬라비아의 삼림을 벌목했기에 오늘날 그곳에는 침식된 석회암 대지(카르스트 지형)만이 남아 있다.

기술 천재 제임스 와트James Watt가 증기기관을 발명한 이후 기계의 힘이 커져 땅속을 파들어 가는 것이 훨씬 쉬워지고 인간과 생태계 간의 관계에 근본적인 변화가 생겼다. 기술적 수단에 의해 간접적으로 경작되거나 달라지지 않은 지표면은 단 1제곱킬로미터도 남아 있지 않다.

우리 인간은 지구를 극적이고 대대적으로 변화시키고 있지만, 우리는 너무나 자주 우리가 무엇을 하고 있는지도 모른 채 살고 있다. 우리 인간이라는 종은 우리의 생태 환경에 영향을 끼칠 현대적 기술을 네 가지 방식으로 사용하고 있다.

1. 인류는 지구에서 보다 많은 양의 고체 물질과 물을 이동시키고 추출해 내고 있다. 전기 발전, 상품 생산, 인프라 및 건물 건설, 가정과 산업에서의 음용과 청소 및 냉각, 관개 그리고 수력발전 등 용도는 다양하다. 하지만 우리가 실제 사용한 양은 태산과 같이 이동시킨 많은 물질(예를 들어 시장가치가 전혀 없는 광산 폐기물과 같이 뒤에 남겨진 엄청나게 많은 물질)에 비하면 극히 일부에 지나지 않는다.

현대적 기술로 육지에서 이동된 엄청난 물량은 지질학적 힘에 의해 자연적으로 옮겨진 물량의 수배에 달한다. 바람과 물과 같은 자연력은 이 행성의 형태를 만들어가는 데 더 이상 지배적인 힘이 아니다. 인류가 기술적 수단을 이용해 자연력을 능가한 것이다. 미국에서, 자연력에 의한 양보다 8배나 많은 양이 인위적인 수단에 의해 이동된 것으로 추산된다.

공기와 토양, 수로를 오염시키는 물질이 이 과정에서 방출된다. 예컨대, 석면 먼지, 금 채굴 과정에서 나오는 시안화물, 카드뮴 등 다양한 중금속의 하천 퇴적, 채탄 과정에서 나오는 황산 같은 산성 폐수 등이 있다.

2. 인류는 매일매일 농업 활동을 하거나 도로 및 산업 시설을 건설하고 주거용 건물을 짓기 위해 지구의 지표면을 사용하고 있다.

3. 산업 과정에서 이용되는 모든 원료는 물질적 번영을 위해 인간에 의해 탈자연화된다. 이들 원료의 물리적·화학적 특성은 에너지가 사용되면서 바뀐다. 그러면서 독극물이 의도적으로 생산된다. 예를 들면 농업용 화학물질, 매니큐어 제거제로 사용되는 아세톤 같은 유기용매 또는 의약품처럼 일정한 조건에서 독성을 띠는 물질 등이 있다.

4. 우리는 환경에서 제거된 대부분의 물질을 짧은 시간 안에 폐기물 형태로 환경에 되돌려준다. 이집트의 피라미드나 아시아 지역의 불교 사원, 성벽, 성당, 오래된 구조물을 예외로 한다면, 인류가 만들어낸 것 가운데 오랜 시간 동안 남아 있는 것은 거의 없다.

독일인 1명당 1년에 70톤의 천연 원료(물, 공기 불포함)를 소비하며, 그 양의 20퍼센트만이 1년 이상 기술계**(인류에 의해 생산되고 변화되는 모든 것을 포함하는 생태계의 일부)에 남아 있게 된다. 독일에서 기술적으로 이용된 물질의 50퍼센트 이상은 다른 나라에서 수입된 것이다.

폐기물이 '대자연의 요람'으로 되돌려질 때, 그것은 우리가 그 성질이나 규모를 거의 알지 못하는 생태계에서 또다시 변화를 야기한다.

대규모의 지구적 결과에 대한 우리의 지식은 대부분 제한적이고 지엽적인 분석을 통해 얻은 것에 불과하다. 우리는 우리가 촉발한 변화의 속도에 대해서도 그다지 많이 알고 있지 않다. 종종 우리는 우리의 행동이 끼친 영향이 얼마나 엄청난 것인지를 너무 늦게 알게 된다. 추가적으로, 많은 변화가 너무 서서히 일어나는데, 이에 비해 인간의 수명이 너무 짧기에 이러한 변화를 충분히 알아채지 못한다. 자연의 이런 변화는 과학적 방법으로만 측정 가능하다. 그것은 인간이 알아채기에는 너무 느리지만, 생태계가 적응하기에는 너무 빠를 수도 있다.

탈물질화의 필요성

1990년 한 해 동안에 독일인 1명당 환경으로부터 고체 물질 약 70톤과 물 500톤을 '소비'했다. 이는 미국인이나 핀란드인들이 소비한 양보다 많은 것이다. 네덜란드인은 이보다 조금 덜 소비했고, 일본인은 거의 그 절반을 소비했다. 이 점은 경제정책 결정자와 기업 총수들에게 삶의 질을 떨어뜨리지 않고 보다 적은 물질 흐름만으로도 삶을 영위할 수 있다는 것을 시사한다. 그러나 일본인 1인당 연간 40톤의 소비도 세계적인 비전이 될 수는 없다. 그 나머지 인류가 이런 소비 수준에 이르게 되면, 우리는 공공 재정, 세계화, 연금제도 그리고 실업 등 많은 것에 대해 생각할 여력을 거의 갖지 못하게 될 것이다. 인류에게 훨씬 더 적대적인 환경 속에서 우리는 단순한 생존을 확보하는 데에만 온전히 몰두해야 할 것이다.

나와 동료들이 1992년 부퍼탈연구소에서 탈물질화를 처음으로 고려하게 되면서 관심을 가졌던 결정적인 질문은 훨씬 더 적은 자원의 투입으로 그동안 누려왔던 번영의 수준을 기술적으로 조직해 낼 수 있을까 하는 것이었다.

이 질문에 대한 놀랍고도 기본적으로 매혹적인 답은 '그렇다, 그렇게 할 수 있다'였다. 특히 사회적 시장경제의 틀 안에서 그렇게 할 수 있다는 것이었다! 심사숙고해 내린 결론은 경제가 탈물질화로부터 이득도 볼 수 있다는 것이었다. 그러나 그런 행운의 준거틀 내에서조차도, 우리가 경제를 포괄적으로 탈물질화할 경우 실업에 끼칠 영향을 고려해 우리의 경제활동의 기본 패턴에 영향을 주는 어떤 제안을 평가해야 할 것이다. 오늘날 이 문제를 검토하고 측정하는 것이 가능한지 여부에 대한 전망은 밝아 보인다. 우리는 이 아이디어의 실현에 매진해야 한다. 이 부분에 대해서는 이 책에서 앞으로 논의할 예정이다.

　우리는 지금 근본적인 탈물질화에 대해 얘기하고 있다. 탈물질화는 전 세계적으로 지속가능한 수준으로 물질 소비를 줄이는 시도를 의미한다. 장기적으로 생태계에 과도한 부담을 주거나 해를 끼치지 않을 수준으로 말이다. 구체적인 관점에서 우리는 수십 년을 내다보고 있다. 근본적으로 탈물질화는 전 세계적 자원 소비를 절반으로 줄일 것을 요구한다. 이 사실은 우리가 이런 목표를 달성하기 위해 얼마나 많은 일을 해야 하는지를 분명히 보여준다. 이런 요구는 전세계 다른 나라들과 지역에 또 다른 부담을 주게 될 것이다. 전 세계 모든 사람이 똑같은 양(현재의 절반 정도)의 자원을 사용할 권리를 갖고 있다고 한다면, 기존 선진국들은 거의 90퍼센트까지 자원소비를 줄여야 하는 것을 의미하기 때문이다.(그림 5 참조)

　팩터10에 의한 감축은 어렵고 극적인 이야기로 들릴 수 있겠지만, 우리가 분석한 바로는 실제로 도달 가능한 일이다. 그리고 나는 탈물질화가 경제활동의 지속가능한 시스템을 시작하기 위한 필수불가결한 전제 조건이라고 생각한다. 1990년 이후 나는 기존 선진국들의 경제 시스템이 앞으로 몇십 년 동안 적어도 10분의 1로 자원 사용을 줄여(팩터10에 의해) 탈물질화해야 한다고 주장해 왔다. 이는 새로운 산업혁명에 의해서만 달성 가능한 일이다. 천연자원을 보다적게 사용하고도 모든 기술적 영역에서 보다 많은 효용이 창출된다는 점에서 그렇다. 이런 맥락에서 우리는 21세기의 새로운 '기본 기술' basic technology에 대해 이야기할 수 있을 것이다.

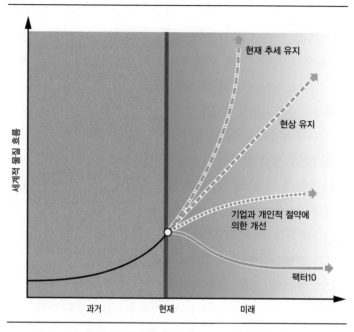

그림 5 세계적 물질 흐름의 다른 진행 방향들(미래 예상)

a) 동적 발전의 불변을 가정, b) 현상 유지를 가정, c) 일부 개선과 절약을 가정(예컨대, 팩터4)
d) 급격한 감소를 가정(적어도 팩터10), 아마도, 마지막의 궤도만이 지속가능한 경제로 나아가 살기
좋은 행성을 만들 것이다.

 1994년 내가 설립한 팩터10 클럽은 이런 요구에 전념해 오면서
이 점에 관한 선언을 발표했다. 시간이 흐르면서 많은 사람이 여기
에 귀를 기울이게 되었다. 15개국 출신의 팩터10 클럽 회원들은 전
세계적으로 인정받는 전문가 집단이다. 이들은 정계, 기업계, 과학

계의 지도적 위치에서 실질적인 경험을 풍부하게 갖춘 이들이다. 누구보다도 그로 할렘 브룬틀란Gro Harlem Brundtland과 넬슨 만델라Nelson Mandela와 같은 이를 포함한 '경청자' 집단의 지지를 받고 있다. (www.factor10-institute.org 참조)

환경과 우리 사이의 관계를 바라보는 새로운 방식 및 여기에 수반된 비전과 복잡하게 관련된 용어가 점점 더 많이 국제적 해결 방안에 포함되고 있다. 앞으로 이 책에서 이에 대해 소개할 것이다. 예를들어, '생태적 배낭'*의 개념뿐 아니라 팩터10은 우리가 이동전화로 전화를 걸거나 노트북으로 일을 할 때 우리가 움직이는 환경이 얼마나 되는지를 보여준다. MIPS(서비스 단위당 투입된 물질의 양)라고 부르는 생태적 경제활동의 기준도 마찬가지다.

1997년 1월, 당시 스웨덴 환경부 장관이었던 안나 린드Anna Lindh는 유럽 각국의 환경부 장관들에게 편지를 보냈다. 그는 편지에서, 리우회의가 열리기 5년 전 시행에 들어간 환경보호 공약을 이행하면서 팩터10이라는 '재미있는 아이디어'를 고려해 볼 것을 유럽의 동료 장관들에게 촉구했다.

팩터10은 다른 산업 부문과 다른 나라들에 관해 일반적으로 필요한 엄청난 변화를 명확하게 보여주고 있습니다. 이는 일부 산업 부문과 국가들이 보다 앞서 나가야만 한다는 점을 의미합니다. 팩터10의 목표는 현재 사용되는 자원의 일부분만을 사용해 오늘날 우리가 누리고 있는 것과 거의 동일한 수준의 서비스를 얻는 것입니다.

나중에 안나 린드는 차기 스웨덴 총리가 확실시되는 시점에 암살당해 많은 사람에게 공포감을 심어줬다.

앞으로, 우리는 대중이 관심을 갖는 진정한 효용을 이해하는 데 도움을 주는 '서비스'의 중요한 개념에 대해서도 많은 이야기를 할 것이다. 이 책에서 우리는 서비스를 자유롭게 선택해 개개인이 즐길 수 있도록 하는 일을 삶의 질과 복지를 향상시키는 일로 여길 것이다. 자연과 기술은 모두 그런 서비스를 우리들에게 제공한다.

소비자인 우리에게 동일한 수준의 서비스가 계속 제공되게 하면서도 오늘날 경제활동의 탈물질화를 생태적 의미에서 상당한 수준으로 추구하기 위해선 노동에 부과된 세금과 수수료를 천연자원의 소비에 대한 과세로 이동시켜 자원의 소비에 보다 비싼 대가를 지불하게 만들 필요가 있다. 이 책에서 우리는 그런 조처를 요구하게 될 것이다. 그런 조처는 경제 발전에 이득이 되고, 노동시장에도 긍정적인 영향을 주게 될 것이다.

이 책의 목적은 경제활동의 탈물질화를 가져올 수 있는 방법을 보여주는 데 있다. 나는 관련 사례를 제시하고, 지침을 주고, 검토할 목록을 작성해 그 절차를 설명할 것이다. 나는 연구 상황이 허용하는 대로 실제적 적용에 근접하려고 노력해 왔다. 부퍼탈기후·환경·에너지연구소에서 연구 상황은 많은 것을 허용한다. 부퍼탈연구소에서는 이 책에서 제시한 많은 아이디어와 명제를 실험을 거쳐 다듬고, 업계 및 정계 실무자들과도 빈번하고도 성공적인 협력을 이뤄나가고 있다. 천연자원을 다루는 우리의 방식에 대한 분석이 원래 제안의 출발점이었다. 나는 1992년 이런 분석을 처음 제안했고, 이후 새로 설립된 부퍼탈연구소의 '물질 흐름과 자원 관리' 연구 그룹에 속해 추가적인 연구를 진행해 왔다.

생태적 배낭과 생태적 측정 기준

우리는 신제품과 자동차를 만들고 음악당을 짓고 고속도로를 건설하는 등 번영을 창출하기 위해 너무 많은 양의 천연자원을 소비하고 있다. 이는 생산된 모든 제품에는 이들 제품을 만들기 위해 옮겨진 산더미 같은 천연자원, 즉 크나큰 생태적 배낭이 함께한다는 것을 의미한다. 물론, 생태적 배낭은 눈에 보이는 것이 아니다. 내 책상 위에 있는 컴퓨터를 바라보면서 이 제품을 생산하는 데 14톤 이상의 고체 천연자원이 파헤쳐지고 철저하게 변형되는 과정이 필요했다는 점을 알 수는 없다. 마찬가지로, 내가 컴퓨터를 사용하는 동안 생태적 배낭이 몇 톤씩 점점 더 무거워지고 있다는 사실을 알아채는 것도 불가능하다. 예컨대, 컴퓨터를 사용하기 위해서는 에너지와 같은 자원이 필요하다. 이들 생태적 배낭이 내 사무실을 채운다면 건물 바닥이 무너져 내릴 것이다. 그런 일은 다른 곳에서 일어나지만 우리는 결코 그곳에 눈길조차 주지 않는다.

이를 통찰한다면 많은 사람들이 놀라운 결론을 도출할 수 있을 것이다. 생태적으로 말한다면, 한 가족의 아버지가 손가락에 끼고 있는 금반지가 자기 아이들을 태우고 다니는 데 이용하는 자동차보다 더 무게가 나간다는 사실을 알게 된다면 어느 누가 냉정함을 유지할 수 있을까? 이는 실제로 사실이다. 금은 정교한 채굴 방식으로 인해 특히 생태적으로 '값비싼' 물질이다. 평균적으로 산업 제품 1킬로그램을 만드는 데 주변의 천연자원 약 30킬로그램이 들어간다. 이는 자연에서 옮겨진 물질 가운데 10퍼센트도 안 되는 양만이 최종적으로 유용한 산업 제품으로 변형된다는 것을 의미한다.

그래서 나의 요구는 분명하다. 간단하게 말하면, "난장판을 쓸어버려라! 물질을 더 많이 쓸 것이 아니라 머리를 더 많이 쓰라"는 것이다. 머리를 쓰면 더 나은 기술을 개발할 수 있다. 틀림없이 그럴 것이다. 그렇지 않으면, 우리 경제의 전체적인 자연적 기반이 붕괴될 것이다. 우리가 서 있을 그 어떤 기반도 사라지게 될 것이다.

경제를 탈물질화하고 경제에 속한 생태적 배낭을 보다 소규모로 경량화할 것을 요구한다면, 생태적 배낭의 크기와 물질의 소비를 결정하고 계량화하는 방법에 대해서도 논의해야 한다. 그리고 이 일은 가능한 한 간단하고 분명하게 이루어져야 할 뿐 아니라, 신속하게 또한 필연적인 신뢰도를 가지고 그 결과에 접근할 수 있어야 한다. 실제로, 개별적 사례에서 자원 소비에 대한 과학적 연구를 수행할 시간이 충분하지 않다. 그러나 실용적인 적용을 위해서, 모든 과학적 요구 조건을 데이터가 세세하게 충족시킬 필요는 없다. 신빙성이 있고, '방향에 있어서 신뢰할 만하다면' 그 정보는 적절한 것이다. 즉 그 정보가 다소 부정확하다 하더라도, 우리가 올바른 방향으로 행동을 취할 수 있는 정확한 크기의 수량과 요점을 갖추고 있다면 된다는 것이다. 모든 산업 디자이너와 기업의 총수들, 그리고 현장의 장인들이 단순한 측정 기준을 사용해 대안을 구분해 내고, 대안 간의 차이점을 찾아내고 적어도 올바른 방향으로 나아갈 수 있어야 한다. 이런 측정 기준은 신제품의 자원 효율성을 비교하거나 독일과 일본의 경제 시스템의 효율성을 비교하는 것과 상관없이 국제적으로 인정받을 수 있는 방식으로 설계되어야 한다.

이른바 MIPS라는 개념은 이런 요구 조건을 충족한다. MIPS는 서비스 단위당 투입된 물질의 양Material Input Per unit of Service을 말한다. 여기에서 서비스는 앞서 언급한 서비스를 의미한다. 물질의 투입은 상품을 생산·사용·운송·처분하기 위해 이동하고 소비하는 모든 천연 원료를 포함한다. 즉 모래·물·석탄·흙·광석·유채씨 등 생태계에서 우리가 필요로 하는 모든 것을 가리킨다.

생태적 배낭과 에너지

MIPS 개념에서, 사용된 에너지의 양은 물질 투입(MI)■의 양을 정할 때 사용하는 천연 원료의 단위로 표시된다. 이렇게 하면, 에너지를 사용하는 데 들어가는 천연 원료는 그 '요람에서 무덤까지' 모두 계산된다. 서비스나 효용 단위당 자연의 투입을 비교할 때, 두 개의 다른 물리적 단위(물질과 에너지)를 분리해서 작업할 필요가 없다는 게 이 절차의 장점이다.

에너지의 기술적 소비가 그 자체적으로는 관련된 생태적 변화(환경과 대규모 폭발에서 방출되는 대규모 방사능 양을 무시한다면)를 일으키지 않는다는 사실로 인해, 이런 절차가 생태적으로 정당화될 수 있다. 오늘날 생태계의 안정성에 심각한 몇 가지 위험을 야기하는 에너지 관련 요인(예를 들어, 기후 변화 등)은 기술적 수단으로 이용 가능한 에너지 단위당 물질 소비의 엄청난 양뿐 아니라, 추출·수송·이용하는 동안 이루어지는 에너지와 에너지원의 손실에 있다. 진짜 환경문제는 에너지 공급을 위해 수십억 톤의 석탄과 석유, 가스를 사용하는 것이지, 이런 방식으로 기술적으로 확보되는 에너지가 아니다. 이산화탄소와 이산화황과 매연의 방출, 그리고 환경 변화[■]를 야기하는 기름 유출로 인해 오염된 해변이 진짜 환경문제이다. 그렇기 때문에, 총 효용 달성과 관련한 주요 자원 사용에 관한 한, 에너지 절약이 환경에 이득이 되는 게 아니다. 결국, 물질 집약적인 기술을 사용할 경우에만, 즉 MIPS가 작은 경우에만 태양에너지와 지열 에너지도 정당화될 수 있다. 따라서 MIPS를 이용해 물질과 에너지의 최적 사용량을 계산할 수 있다. MIPS가 작으면 작을수록, 환경에도 바람직하다.

상황을 명확하게 하기 위해 몇 가지 정보를 더 살펴보자. 갈탄 발전에서 핵발전에 이르기까지, 태양광발전에서 바이오 연료 발전에 이르기까지 전기를 얻기 위해 오늘날 사용되는 기술의 MIPS 값은 50가지 이상의 요인에 의해 달라진다. 즉 생태적으로 말하면, 한 가지 전력원을 이용한 1kw/h 전력 생산이 다른 전력원을 이용해 생산된 1kw/h와 반드시 같은 것은 아니다. 예를 들어, 독일의 전력원은 핀란드나 오스트리아보다 다섯 배나 물질 집약적이다. 팩터10으로 경제를 탈물질화하면 오늘날 사용하는 에너지의 80퍼센트를 절약할 수 있기 때문에, 자원 생산성의 목표치를 높여 에너지 절약이란 결과를 얻어낼 수 있을 것이다.

MIPS 개념은 에너지를 포함한 물질 투입(MI)의 총량을 여기서 나온 효용과 연관시킨다. 결국, 예외적으로 높은 효용을 산출"한다면, 다량의 물질 투입도 용인하는 게 맞다. 이런 이유에서, '서비스 단위당' 물질 투입을 계산하고, 이런 측정 기준을 이용하는 것이다. 그렇게 하지 않는다면, 한 열차에 1명이 타든 300명이 타든 차이가 없을 것이다. 열차를 움직이는 데 들어가는 물질 투입은 두 경우 모두 동일하다.

MIPS는 주어진 자원을 투입하여 얼마나 많은 효용을 산출하는지를 보여주는, 현재까지 유일한 측정 기준이다. MIPS는 자원 생산성의 지표를 제공한다. 우리가 탈물질화의 목표에 얼마나 접근했는지를 알아보기 위해 계산된 수치를 이용할 수 있다.

우리는 지난 15년 동안 MIPS 개념을 다양한 사례에 적용해 왔다. 이를 통해 생태친화적 사고를 지닌 많은 이를 놀라게 할 만한 뜻밖의 일이 많이 일어났다. 한 예로, 순면 1킬로그램을 생산하는 데 세계의 일부 지역에서는 4만 리터 이상의 물을 사용하고 있다.

다른 사례들도 인상적이긴 마찬가지다. 유채씨 1킬로그램을 생산하는 데 거의 4킬로그램의 토양이 침식으로 인해 유실된다. 이런 추산을 해보면, 독일의 자기부상열차가 초고속열차ICE보다 생태적으로 훨씬 우수하다는 것을 알 수 있다. 가끔 사진을 찍는 사람들에게는 코닥이나 후지 같은 제조업체가 무료로 주는 이른바 일회용 카메라를 사용하는 것이 훨씬 환경친화적이다. 그리고 종이 포장의 경우, 생태적 배낭의 무게는 비닐 포장보다 몇 배나 무겁다.

이 책에서 나는 실용적 방식으로 사물에 접근하는 방법, 디자이너가 탈물질화된 생산품을 설계하는 방법, MIPS를 계산하는 방법, 생태적 배낭이 어떤 것인지를 상세하게 설명하고자 한다. 물론, 기술적으로 현명한 서비스 사회가 탈물질화된 사회와 같다고 하는 이유, 상품의 자원 생산성을 높이는 것이 새로운 틈새시장을 발견하는 길이 되는 이유, 그리고 현명한 생태적 정책이 시장에 기반한 접근 방식을 통해 일자리를 창출하게 되는 이유 등을 명확하게 이론적으로 설명하게 될 것이다.

독자들이 듣고자 하는 것에 비하면, 아마 많은 질문에 해답을 제시하지 못할 수밖에 없을 것이다. 이 부분에 대해선 독자 여러분들에게 너그러운 용서를 구한다.

자원 관리 방식

오늘날 정책 개발을 논의하는 자리에서 자원 문제에 관해 토론할 때면, 미래 세대들의 삶의 기반을 빼앗지 않도록 자원을 절약하고 보존할 것을 요구하는 데 논쟁이 집중된다. 일부 환경 전문가들은 가능한 한 빨리 '재생 불가능한' 자원의 사용을 중지할 것을 요구하기까지 한다. 예컨대, 모래와 광석, 석회암, 화강암도 여기에 포함된다. 나는 이런 접근 방식은 잘못되었다고 생각한다. 우리의 목표는 자원을 자연에 매장된 채 그대로 보존하는 것이 아니라, 기술에 의해 야기되는 물질의 흐름을 가능한 한 신속하게 최소화하는 것이어야 한다. 이는 인류가 날마다 옮기고 물리 화학적으로 변화시키는 천연 원료의 양을 줄여나가야 한다는 것을 의미한다. 여러 측면에서, 이들 천연자원은 생태 변화뿐 아니라 기후 변화도 촉발한다. 이런 관점에서 보면, 재생 불가능한 자원과 생물학적으로 다시 성장하는 자원, 또는 물처럼 자연의 순환을 통해 움직이는 자원 사이에 근본적인 차이는 없다. 간단히 말해, 천연 원료의 양이 일차적 문제이지, 천연 물질의 종류가 문제는 아니다.

에너지원을 포함해 재생 불가능한 자원의 환경친화적 이용의 한계를 결정하는 것이 문제되는 경우라면, 이들 물질이 어느 특정 시점에 고갈될 것인가가 아니라 오히려 이들 물질의 이용과 이로 인한 고갈과 연계된 생태계의 변화가 결정적 기준이 되어야 한다. 이런 맥락에서, 석탄과 석유를 태우면 매장량이 고갈되기 훨씬 이전에 생태계의 평형 상태가 변화될 것으로 예상된다.

토양의 지속가능한 사용의 한계를 측정하는 것이 목표라면, 침식을 피해 토양의 생태적 기능성을 유지하도록 하는 것이 결정적 기준이 되어야 한다. 토양은 밤낮의 기온차를 줄이고, 수원지와 지하수 흐름에 식수를 공급할 수 있도록 물의 '저수지'로서 자체 목적을 충족시킬 수 있어야 한다. 토양이 새나가지 않도록 틀어막는다면 토양의 침식은 막을 수 있다. 하지만 거대한 농업용 및 임업용 기계로 토양을 다지게 된다면 토양의 저수 능력은 심각하게 제한을 받을 것이다. 토양의 생태적 기능 유지에는 특정 지역의 토착 식물이 생장하는 데 필요한 영양분과 광물질의 적절한 조합을 보존하는 것도 포함된다.

바이오매스(식물과 동물)의 지속가능한 사용의 한계를 측정하는 것이 목표라면, 기왕이면 가능한 한 그 지역에 적합한 산물을 창출해 자연 조건에서 자랄 수 있는 것보다 많은 생산량을 수확하지 않는 것이 결정적 기준이 되어야 한다. 소비자까지의 거리는 가능한 한 단축해야 한다.

과다 시비와 액체 비료의 과도한 사용으로 인한 영향은 이미 많은 글을 통해 폭넓게 알려져 있다. 그러나 여기에 추가해, 바이오매스에서 파생된 상품 1톤당 자원 소비가 결정적으로 중요하다. 자원 소비는 가능한 한 적게 해야 한다. 예를 들어, 이는 가능한 최소한의 토양 이동과 땅 다지기로 농지를 준비하고 그 생산품을 가능한 한 효율적으로 처리·저장·포장하는 것을 의미한다. 즉 사용된 수단의 자원 생산성이 극대화되어야 한다.

'그린 이코노미' 이후를 대비하는 성장 패러다임으로 '블루 이코노미'를 제안한 귄터 파울리Gunter Pauli 이탈리아 토리노 대학 교수는 플랜테이션 농장에서 생산된 바이오매스가 90퍼센트까지 손실되어 엄청난 자원 낭비가 이루어지고 있다고 지적했다. 석유산업과 이를 비교해 보자. 석유산업에서는 정반대의 관계가 나타난다. 원유에서 생산된 90퍼센트 이상이 판매 상품으로 변환된다. 바이오매스를 보다 효율적으로 이용하는 데 도움을 줄 화학적·생화학적 과정이 확실히 존재한다. 이 점은 특히 중요하다. 왜냐하면, 지금까지는 '녹색혁명'에 관한 토론에서 유전공학이나 농업에서의 화학물질 사용을 고려하지 않았기 때문이다. 원칙적으로, 문제는 점점 더 많은 바이오매스를 생산하는 것이 아니라, 어떤 경우에도 적용 가능한 것을 현명하게 이용하는 것이다. 파울리는 몇 가지 사례를 제시했다. 종이 생산을 위한 셀룰로오스만을 얻기 위해 많은 양의 나무가 벌목된다. 그러나 나무의 35퍼센트만이 셀룰로오스이고 나머지는 폐기물로 간주된다. 맥주를 만드는 전통적 방법을 사용하면, 사용된 물의 90퍼센트는 맥주병에 담기지 않으며, 폐기물 바이오매스는 매립되거나 기껏해야 가축 사료로 이용된다. 파울리는 "새로운 녹색혁명은 동일한 투입으로 보다 많은 상품을 생산하는 것"이라고 결론을 내렸다.

예전의 환경 정책에서 새로운 환경 정책으로

독일 환경 정책의 첫 번째 목표는 생태적 측면에서 경제를 지속 가능케 하는 것이다. 우리 경제에서 무엇보다도 물질 흐름의 고리를 폐쇄할 것을 요구하는 법률이 도대체 이치에 맞는 것인가라는 의문이 생긴다. 이는 1996년 10월에 제정된 '물질 폐쇄 순환 및 폐기물 관리법'의 주요 목표였다. 나는 이것이 이치에 맞지 않는다고 생각한다. 현재 상품 생산을 위한 마구잡이식 자원 투입을 멈추지 않고, 추가 수송과 새로운 자원, 그리고 더 많은 에너지까지 요구되는 순환을 강요한다면, 우리는 경제의 물질 '과밀화' congestion 를 경험하게 될 것이고, 결국 헤아릴 수 없는 생태적 결과를 끌어안게 될 것이다.

앞서 언급한 대로, 사람이 만든 고체 물질 흐름의 약 70퍼센트는 기술적인 이유 때문에 폐쇄 순환 closed loops 으로 관리할 수 없다는 사실 그 자체만으로도 폐쇄 순환이 지도적인 원칙이 될 수 없다. 물질 흐름의 상당 부분은 생산 '순환 cycle'에 들어가지 못한다. 이것들은 단순히 광산 폐기물이거나 표토, 생산을 위해 옮겨졌으나 사용되지 않은 다른 물질이기 때문이다. 예를 들어 페인트나 유약 등 많은 물질은 사용하는 동안에 환경에 흩뿌려지고, 석탄과 타르 모래, 그리고 원유 같은 에너지원에서 탄소는 불태워져 이산화탄소가 된다. 이 두 경우는 적어도 경제적이고 생태적인 한계 내에서 폐쇄 순환이 구멍을 막는 일을 불가능하게 만든다.

물질 재활용의 영역을 좀 더 자세히 살펴보자. 우선, 생태적으로 말해 자원 소비라는 측면에서 이런 형태의 재활용에 비용이 많이 들어간다는 점을 여러 사례로 입증해 보여줄 수 있다. 또한 재활용을 평가할 때, 어떤 기술적 재순환 과정에서도 사용된 물질의 100퍼센트를 다 회수하지 못하기 때문에 순환의 각 고리에서 질량이 다소간 소실된다는 점을 항상 고려해야 한다. 즉 효율성은 항상 100퍼센트 이하이다. 천연 원료 재활용의 효율성이 높다는 이유에서 사례로 자주 언급되는 알루미늄도, 재활용 과정에서 몇 퍼센트의 알루미늄은 부스러기로 손실된다. 한번의 재활용 과정에서 원료의 90퍼센트를 회수한다고 한다면, 15번의 재활용 사이클을 거칠 경우 원래 질량의 20퍼센트만이 남게 된다. 또한 최상의 수거 시스템으로도 경제에서 애초 사용되었던 물질을 (특히 경제적 측면에서 가치가 없는 경우라면) 모두 재활용 과정으로 되돌릴 수는 없다. 심지어 금까지도 재활용 과정에서 100퍼센트 회수되지 않는다. 천연 원료의 75퍼센트가 재활용 과정으로 되돌려진다고 가정한다면, 15번의 재활용 순환 후에는 원래 사용된 질량의 거의 99퍼센트가 사라진다.

지속가능한 경제가 목표라면, 우리의 번영 수준을 유지하면서 자원 흐름의 속도를 늦춰야 한다. 폐쇄 순환 자체만으로는 경제를 통해 자원이 흐르는 속도를 적절하게 늦추지 못한다. 가난한 나라에서 이 작업의 중요한 부분을 떠맡지 않는다면, 대부분의 나라에서는 물질 재활용을 할 수도 없을 것이다. 아직도 많은 사람이 부자들의 쓰레기를 쏟아부은 매립지에 의존해 살아가고 있다. 예를 들어, 인도네시아의 자카르타에서 비닐봉지는 공식적으로 쓰레기가 아닌 재활용품으로 수거된다. 시 정부가 이를 보조하며, 많은 사람들이 이를 통해 근근이 생계를 꾸려가고 있다. 그러나 부자들의 쓰레기에서 주워 온 물질이 재판매될 수 없는 곳에서도, 산업 제품의 재사용은 오래전부터 이뤄져왔다. 통, 골판지 상자, 비닐봉지 등 온갖 종류의 포장 재료가 지붕 재료 등 다양한 목적을 위해 이용된다. 그러나 세계적인 물질 흐름의 측면에서 이런 형태의 재활용은 '새 발의 피' 수준이다. 그로 인해 혜택을 보는 사람에게는 중요한 일이겠지만, 가난 때문에 다른 대안이 없는 지역에서만 행해지는 일이다.

이는, '물질 폐쇄 순환 및 폐기물 관리법'이 당장 환경의 부담을 완화한다 하더라도, 우리가 필요로 하는 미래로 나아가는 열의에 찬 출발점은 아니라는 것을 의미한다.

간단히 말해, 현재까지의 환경 정책은 잘못된 방향으로 가고 있다. 물질 흐름의 움직임 속에 자리 잡고 있는 주요 문제를 인식하지 못했기 때문에 현재의 환경 정책은 지속가능성의 목표를 놓치게 될 것이다. 미래 지향적인 환경 정책은 자원 생산성을 결정적으로 개선해야 한다. 음료수 용기의 환불제도, '유해 물질'의 차단, 폐기물 재활용과 같은 개별 분석의 세부 항목에 함몰되어서는 안 된다.

옛날 방식의 환경 정책은 이런 원칙을 따르는 것이었다. 즉 우리 인간들이 다소 신중하지 못하게 생산하고, 먹고, 마시고, 씻고, 비행기를 탄다는 것이다. 그리고 결국에는 폐수 처리 공장, 필터, 촉매 변화기를 이용해 많은 돈을 들여 유해 물질 일부를 차단한다. 우리 사회를 통해 흐르는 자원의 고체 잔존물은 엄청나게 많은 더러운 쓰레기 컨테이너 속에 수거된다. 이것들은 자체적으로 많은 자원을 사용하고 많은 소음을 만들어내면서 특수 설계된 차량에 실려 수십억 노동시간을 거쳐 비워진다.

나 자신이 25년 전 독일에서 통과된 화학물질법의 환경보호 조항을 만들고 시행한 데 책임이 있는 사람이긴 하지만, 전통적인 환경 정책을 더 이상 참을 수 없게 되었다는 것을 독자 여러분들은 알아

챘을 것이다.

그렇더라도, 이런 예전 방식의 '환경보호' 덕분에 경제와 이를 통제하는 정부 기관에, 생산적인 일자리는 아닐지라도, 몇백 개의 일자리가 결국 생겨난다. 그러나 이런 식의 환경보호는 너무나 비효율적이고 돈이 너무나 많이 든다. 지속가능성이 목표라고 한다면, 그 목적에 부합하지 못한다.

새로운 방식의 환경 정책은 다른 식으로 움직여야 한다. 처음부터, 사람들이 물과 원료, 그리고 에너지를 보다 적게 사용하는 방향으로 나아가야 한다. 이는 자신의 활동을 제한하거나 삶의 질을 고려하지 않는 데서가 아니라, 세련된 기술과 획기적인 아이디어, 새로운 상품 디자인의 개발에서 비롯된다. 이 방식에서는 유해 물질의 통제를 대부분 손대지 않고 남겨둔다.

마지막으로, 새로운 아이디어가 필요한 사례 하나를 살펴보자. 독일의 한 여행사는 독일의 부퍼탈에서 프랑스 파리까지 열차로 왕복 여행하는 승객에게 승차권과 좌석 예약권 형태로 약 6×20센티미터 크기의 두꺼운 종잇조각을 9장(!)이나 발행해 준다. 또 여행자는 약 20×20센티미터 크기의 두꺼운 열차 연결 안내 책자를 받게 된다. 여기에 78×20센티미터의 무거운 종이가 추가된다. 독일의 철도 서비스 회사인 도이체반Deutsche Bahn이 하루 10만 명의 승객에게 이것들을 제공한다고 가정한다면, 20센티미터 너비의 두꺼운 종이를 모두 거의 80킬로미터나 사용한다는 결과가 나온다. 승객 1인당 약 10그램의 종이가 쓰인다면, 모두 약 1,000킬로그램, 즉 1톤의 종이를 내주는 것이다. 다음에 설명하겠지만, 우리는 이런 목적으로 사용된 천연자원의 총량을 측정하기 위해 종이의 '물질 투입 계수' MIF ▪를 이 무게에 곱해야 한다. 종이의 물질 투입 계수는 물을 포함하지 않더라도 종이 1톤당 15톤이다. 모두 합하면, 도이체반이 승차권 발매에만 1년 동안 3,500톤에 약간 못 미치는 물질을 사용한다는 계산이 나온다. 이는 폭스바겐이 생산하는 소형 자동차 골프Golf 3,000대와 거의 비슷한 무게이다.

팩터10을 도입하면 이런 상황을 그다지 어렵지 않게 개선할 수 있을 것이다. 항공사들도 여전히 개선해야 할 여지가 많지만, 그래도 이에 대해 조언해 줄 위치에 있을 수도 있다.

2 사물의 진정한 가격

우리가 자동차, 스카프, 시계, 요구르트 등을 구입하는 것은, 이들 상품을 단지 소유하고 다른 사람들에게 보여주기 위함이 아니다. 우리는 구입한 상품을 사용하고 싶어 한다. 필요를 충족하기 위해 뭔가에 돈을 지출한다. 기동성을 위해 차를 구입하고, 목을 따뜻하게 하기 위해 스카프를 구입한다. 결국 중요한 것은 상품 그 자체가 아니라, 상품이 우리에게 제공하는 서비스이다. 시계의 경우에는 시간을 보기 위해서, 요구르트의 경우에는 음식물에 대한 필요를 충족하기 위해서이다.

환경오염과 농업, 경제를 포함한 세계의 미래에 대해 다양한 예측을 내놓았던 오스트리아 출신의 에리히 얀치Erich Jantsch 박사는 1970년대 초 상품의 가장 중요한 특징은 상품이 소유자를 위해 수행하는 서비스라는 결론을 내놓았다. 얀치는 한편에서는 기능과, 다른 한편에서 이들 기능을 수행할 수 있는 유형의 상품뿐 아니라 무형의 서비스 사이의 차이를 구분했다.

기능적 기준과 관련하여, 문제는 주어진 한 상품이 완전히 다른 기술을 채용한 다른 상품과 비교해서 그 기능을 얼마나 잘 수행하느냐 하는 것이고, 상품 도입으로 사람들의 삶의 체계가 얼마나 영향을 받느냐 하는 것이다. 예를 들어, 지하철이나 모노레일, 자전거, 무빙워크, 또는 도시 수송 기술의 다른 형태나 조합과 비교해서 자동차 기술이 대도시에서 생활하는 데 얼마나 영향을 끼치는가 하는 것이다.

위의 인용문은 적어도 세 가지 중요한 개념을 포함하고 있다. 첫째, 상품 그 자체가 아니라 상품이 수행하는 기능의 문제라고 한다면, 우리는 원칙적으로 동일한 기능을 수행하는 다양한 상품 가운데 우리를 위해 그 임무를 가장 잘, 그리고 가장 저렴하게 수행하는 상품을 선택할 것이 분명하다. 둘째, 선택을 할 때 적절한 정보를 얻을 수 있다면, 우리는 서비스를 수행하는 어느 상품이 환경친화적으로 생산됐는지, 즉 어느 상품이 가장 친환경 지능형 제품인지를 고려할 수 있다. 셋째, 이 모든 것이 우리의 상품 소유 여부와는 관련이 없다. 실제로 중요한 것은 기능이지, 기능을 수행하는 상품의 소유 여부가 아니다.

2,000여 년 전 아리스토텔레스는 "진정한 부는 물건을 사용하는 데서 오는 것이지, 소유하는 데서 오는 게 아니다"라고 말했다. 아리스토텔레스는 이미 이 점을 인식하고 있었다.

기능에 초점 맞추기

우리의 목표는 특정 기능을 수행하고 특정 필요를 충족하기 위해 생태학적·경제적으로 가장 효과적인 방법을 찾는 것이다. 이 점은 환경 정책에서 중요하다. 왜냐하면, 그 목표는 '사든가, 없이 지내든 가'라는 단순하되 무익한 대안에서 탈피할 방향을 제시하고, 실질적으로 보다 적게 자원을 사용해 비교 가능한 서비스(기능 수행)를 제공받을 수 있는 길을 찾도록 고무하기 때문이다.

'잔디를 짧게 유지할' 필요라는 사례를 들어, 소비자의 몇 가지 실질적 선택 사항을 살펴보도록 하자. 이 목적으로 제초기를 구입하면서 전기, 기름, 또는 사람의 힘으로 구동되느냐의 여부에 따라 얼마간의 돈을 지불한다. 일부 고급 모델은 운전자용 좌석도 있고 깎은 잔디를 자동 수거하기도 한다. 각각의 모델은 그 자체의 자원을 사용한다.

두 번째 선택 사항은 이러한 장비를 구입하는 대신 필요한 만큼 1년에 수차례 잔디를 깎아주는 일을 대행하는 조경업체에 아예 맡기는 것이다. 조경업체가 사용하는 제초기에는 기계 사용료도 물론 포함되어 있다. 세 번째 선택 사항은 이웃들과 제초기를 공유하는 것이다. 네 번째 해법은 가끔 잔디밭에 양(뿌리까지 뽑아버리는 염소가 아니라)을 방목하는 것이다. 마지막으로, 다섯 번째 가능성은 이른바 '제로 옵션'이라는 것이다. 즉 꽃나무 씨를 뿌려 잔디와 함께 자라도록 내버려두고 겨울 막바지에 마른 잔디를 제거하는 것이다.

'잔디를 깎는' 기능을 수행하는 이들 다섯 가지 대안은 각각의 천연사원 사용이라는 측면에서 완전히 차이가 난다. 첫 번째 대안은 가장 일반적인 방식으로 사람의 근육의 힘을 이용하는 잔디 깎기를 제외하고 지금까지 가장 많은 자원을 소비한다. 두 번째 대안은 조경업체의 장비가 집중적으로 사용되어 이들 장비의 '용량 활용도'▪가 상대적으로 높은 편이다. 전문적인 기계는 흔히 가정용 장비보다 튼튼하게 설계되어 있지만, 아래 설명하는 것처럼 그 생태적 배낭은 훨씬 무겁다. 반면 그런 장비는 내구적이고 수리와 서비스 단위당 자원이 덜 필요하기 때문에, 우리가 선호하는 MIPS는 훨씬 작다. 게다가 이 해법은 일자리도 창출한다.

전문적인 장비의 내구 연한이 10년이라고 가정한다면, 장비의 자원 생산성은 첫 번째 방식과 비교해 실질적으로 높아진다. 다섯 가구가 제초기를 공동 소유하면, MIPS 수치는 첫 번째 대안보다 4분의 1 또는 3분의 1로 줄어든다.

중요한 것은 동일한 효용을 달성하는 데 사용하는 물질의 양을 줄이기 위해 각각의 특정 사례에서 어떤 방법을 이용하느냐는 것이다. 두 번째와 세 번째 대안은 조직적 수단을 이용해 장비를 잘 사용함으로써(사용 강도의 증가) 자원 생산성의 효용을 개선하는 방식이다. 네 번째와 다섯 번째 대안은 완전히 다른 방식이다.

양을 방목하는 경우에서, 양이 잔디를 뜯어 먹는 데 할당된 자원 투입은 처음의 세 가지 대안보다 아주 작다. 또한 양은 잔디(그렇게 하지 않으면 폐기 처분이 필요한 쓰레기)를 고기와 양털 형태의 바이오매스로 변환('재순환')한다. 이 경우에 MIPS는 0에 접근하게 된다. 돈을 절약하고 바이오매스도 얻을 수 있는 원원 대안이다. 원원 상황을 창출하는 재활용과 관련해, 아주 먼 옛날부터 돼지와 오리가 '잔반 처리기'로 이용되어 왔다는 점을 독자들은 상기하기 바란다. 농촌 지역에서 이런 관행이 보다 광범위하게 퍼지지 않은 이유뿐 아니라, 예를 들어 레스토랑의 물이 유익하게 재사용되지 못하는 이유도 나에게는 여전히 미스터리이다.

다섯 번째 사례에서, 행동을 변화시키는 한 개인의 결정을 통해 자원 생산성이 향상된다. 1제곱미터 잔디를 깎는 데 들어가는 물질의 집약도는 한 가구가 제초기 한 대를 사용하는 경우보다 적어도 100분의 1로 낮아진다! 효용을 제공하는 이런 방식을 '제로 옵션'이라고 부를 수 있다. 독일 함부르크 시 정부와 다른 많은 도시에서 이 방식을 실천하고 있다.

물론, 마지막 대안은 사물을 바라보는 다른 관점을 필요로 한다. 잔디밭이 꽃이 만발한 정원보다 더 아름다워서가 아니라 이웃이나 다른 사람들과 비교해 자신의 사회적 지위를 높여준다고 느끼기 때문에 과시용으로 꼭 필요하다고 생각한다면, 잔디가 아닌 꽃으로 이루어진 정원은 매력적인 대안이 될 수 없다.

자발적 제로 옵션은 항상 높은 자원 생산성과 금융 비용 절감을 특징으로 한다. 꽃과 나비, 곤충의 다양성을 보존하는 것도 흥미로운 측면이다. 내가 보기에 금지와 요구는 자원을 절약하기 위해 제로 옵션을 달성하는 좋은 방법이 아니다. 금지와 요구를 강제하는 데 많은 돈이 들어갈 뿐 아니라, 자유로운 의사 결정과 자립을 제약한다. 사람들을 자원 절약의 길로 인도하는 데 경제적 인센티브를 제공하는 방식을 나는 항상 선호한다.

지금까지 제2장에서 얘기한 내용을 요약해 보자. 우리는 상품을 일차적으로 소유하기 위해서가 아니라 우리에게 유용한 서비스를 제공받기 위해 구입한다. 이런 사실은 우리에게 생태적·경제적 두 측면에서 혜택을 준다. (임대나 리스에 의해) 상품의 효용만이 판매된다면, 상품이 보다 효율적으로 사용될 것이고, 상품을 보다 적게 필요로 하기 때문에 생산도 줄어들 것이며, 서비스를 제공해 돈을 버는 서비스 제공업자 본인의 경제적 이익 때문에라도 상품은 보다 내구성을 갖추게 될 것이다.

인력보다는 물질에 들어갈 돈을 아끼고 대신에 보다 많은 서비스를 제공하도록 하자. 이 방식으로, 경제는 저비용으로 경쟁력을 갖추게 될 것이고, 동시에 일자리가 창출될 것이다. 여기에서 얻은 교훈은 '제초기를 판매하라'가 아니라 '잔디를 돌보라'는 것이다. 다른 경우에, '차를 판매하라'보다는 '기동성을 제공하라'가 된다. 효용을 추구하는 사람에게 내가 '환경지능적'이라고 말하는 서비스를 (가능한 한) 이용하도록 어떻게 권장할 것인가 하는 문제가 발생한다. 이 말의 의미는 물질과 에너지, 토지, 폐기물, 수송, 포장, 그리고 위험 물질 등을 가능한 최소로 이용하면서 작동 수명 내내 가능한 한 다양한 서비스를 시장가격으로 제공하는 제품과 도구, 기계, 건물, 인프라 등의 상품(이른바 서비스 기계)을 이용해 일정한 필요(또는 한 묶

음의 필요)를 시장가격으로 충족한다는 것이다.

두 가지 새로운 개념

생태적 관점에서 보면, 어떤 물질적 도움 없이 순수한 형태의 서비스를 구입할 수 있다면 이상적일 것이다. 이 경우 우리는 환경에 어떤 오점도 남기지 않을 것이다. 하지만 상황은 그렇지 않다. 서비스 기반의 사회에서도 천연자원이 필요하고, 가능한 한 생산적으로 천연자원을 사용해야 한다. 이것이 성공하기 위해선, 지금부터 두 가지 점에 관심을 기울여야 한다.

먼저, 우리는 하나의 제품이나 하나의 서비스가 환경에 얼마나 큰 부담을 주는지 알아야 한다. 즉 생태적 배낭의 무게를 알아야 한다. 이 정보는 다양한 상품과 서비스의 비교를 가능하게 하고 기술 최적화의 출발점을 보여주기 위해 필요하다. 예를 들어, 드릴 제조업체가 기계 제작에 사용되는 구리 1그램당 천연자원 500그램이 사용된다는 점을 알기만 한다면, 구리의 과감한 절약 방안을 고민하기 시작할 것이다. 그리고 숙련노동자들이 전자 제어 방식의 드릴 생산과정에 통상 매우 높은 자원 소비가 요구되는 부품들이 포함되어 있다는 것을 알기만 한다면, 전자 부품이 없는 기계로도 작업을 잘할 수 있을지 여부에 대해 고민하는 사례가 늘어나게 될 것이다.

두 번째로, 우리의 자원 절약 노력에는 목표가 필요하다. 얼마나 많은 자원을 사용하고 있는가? 이 부분의 정보는 처음 얼핏 볼 때보다 훨씬 중요하다. 자원 절약이 가능한 곳에서 절약하지 않는 이유가 무엇일까?

그 해답은 이렇다. 왜냐하면, 그렇게 한다면 방향이 어떻든 간에 완전히 목표를 놓칠 수도 있기 때문이다. '과도한' 절약이 환경에 해가 되지는 않을 것임은 확실하다. 그러나 아마도 우리가 결국에는 유지할 수 있는 자리에 서지 못할 정도로까지 스스로 생활을 제약하게 될 것이다. 우리가 충분히 해왔다고 생각해서, 환경을 돌볼 수 있게 되었을 때 너무 일찍 뒤로 물러날 경우에는 위험이 더욱 커진다. 그리고 더 나쁜 일이 있을 수도 있다. 목표를 너무 소심하게 설정한다면, 실제 목표에 도달하지 못하고 있다는 사실을 깨닫지 못한 채, 자연에 오점을 남기지 않는 일련의 단순한 방법만을 실행에 옮기게 될 수도 있다. 예를 들어 환경에 대해 의식 있는 가족 구성원이 자기 가족의 천연자원 소비가 다른 가족에 비해 네 배나 많다는 것을 알게 된다면, 세컨드카를 팔고 대신에 교통 카드를 구입할 수도 있다. 이 한 가지 조처가 교통 분야에서 목표를 달성하기에 충분할 수도 있다. 그러나 가족의 자원 사용이 열 배나 많다는 것을 알게 된다면, 이런 단순한 해법으로는 목표를 달성할 수 없다. 이 경우 자신들의 생활 방식과 자신들이 사용하는 기술 수준을 근본적으로 되돌아볼 필요가 있다.

그러나 중요한 것은 다음과 같은 것이다. 지속가능한 생활 방식과 경제체제라는 목표에 도달하길 원한다면, 경제와 교통, 여가 시간에서 기존 구조와 습관에 맞는 해법을 찾으려는 노력이 충분한지, 또는 이런 구조와 습관을 바꿔야 할지 여부에 대해 알아야 한다. 후자가 옳다면, 처음부터 다른 방식으로 문제에 접근해야 한다. 그렇게 접근하지 않는다면, 천연자원 문제를 다루는 우리 방식에서 소소하게 개선하는 데만 많은 세월을 소비하고, 많은 시간과 에너지를 투자하게 될 위험이 있다. 그런 뒤에, 결국에는 우리 주변의 생태계가 계속 퇴화되고 있다는 것을 인정하게 될 것이다. 등산가들은 이런 상황에 익숙하다. 오르려고 하는 산의 정상이 눈앞에 똑바로 있다고 몇 시간 동안 생각하다 보면, 정상은 도달할 수 없이 멀어 보인다. 그러나 그곳에 막상 올라서서 보게 되면, 작은 산등성이에 올라왔다는 것을 깨닫게 된다. 진짜 목적지는 이 산등성이에 가려져 보이지 않았던 것이다.

선진국 경제 시스템의 생태적 배낭은 얼마나 클까? 이들 국가는 얼마나 많은 것을 탈물질화해야 하는 것일까? 내 대답은, 최소한 팩터10은 달성해야 한다는 것이다. 이 점에 대해선 이후 자세히 설명하겠지만, 처음부터 이 목표에 일관되게 초점을 맞춰 나가는 편이 분별 있는 선택이다. 이는 도전적인 일이긴 하지만, 도달 불가능한 일도 아니다. 예를 들어, 풍력으로 전기를 얻기 위한 물질 투입은 같은 목적으로 갈탄을 태울 때의 물질 투입에 비해 50분의 1(팩터50) 밖에 안 된다. 스웨덴의 헬레포르스Hällefors에 있는 한 기업은 금속 부품에 구멍을 내고 절삭하는 데 냉각제 사용을 18,000분의 1(팩터18000)까지 감소시키는 데 성공했다.

생태적 배낭

생태적 배낭이라는 아이디어는 내가 모든 원료 물체에 포획된 자연의 양을 파악하기 위한 최선의 계산 방식을 고민하다가 생각해 낸 개념이다.(그림 6) 문제는 옷을 널 때 통상 사용하는 빨래집게의 무게가 그 구성 요소들을 만들기 위해 삼림에서 얼마나 많은 양의 나무를 베어내야 하는지 말해 주지 않는다는 사실에 있다. 철광석을 사용 가능하게 만들기 위해 원래의 지질학적 위치에서 이동시켜야 하는 광산 폐기물에 대한 정보, 어느 정도 수송이 필요한지에 대한 정보, 또는 강철을 생산하기 위한 용광로 건설에 얼마나 많은 자원이 투입되어야 하는지에 대한 정보도 강철 스프링의 무게만으로는 알 수 없다. 이것은 이야기의 시작일 뿐이다.

그러나 신제품에서부터 천연 원료를 원래 추출했던 지점까지, '제품의 요람까지' 과정의 모든 단계에 대한 추적이 가능하다. 관련된 과정의 고리들을 풀어헤침으로써 '물질의 측면에서' 이 경로를 역추적해 볼 수 있다. 또, 개별 원료가 어느 나라, 어느 지역에서 온 것인지, '지리적으로' 역추적해 볼 수도 있다. 이런 관점에서 생태적 무역 균형에 관심이 있다면, 유럽연합으로의 생태적 배낭의 수입이 실질적으로 증가했다는 것을 알게 될 것이다.(그림 7) 우리가 유럽에서 국내총생산 단위당 환경적 부담을 낮추는 데 성공한 것은 사실이지만, 발전도상국으로 생태적 비용을 전가해 온 것 또한 사실이다.

생태적 배낭은 자연의 안팎에서 옮겨진 모든 투입 물질MI의 무

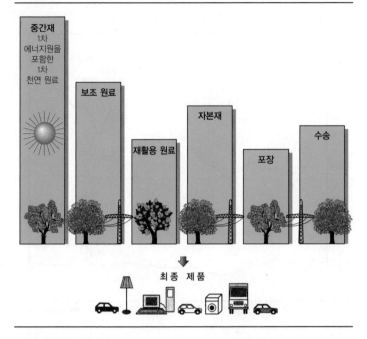

최 종   제 품

그림 6 생태적 배낭의 포장

최종 제품이 만들어지는 데는 제품 그 자체가 포함하고 있는 것보다 훨씬 많은 원료가 필요하다. 철광석이나 석탄과 같은 천연 원료는 정련되지 않은 철을 만드는 데 이용된다. 이 비정련된 철이 제품을 만드는 강철로 만들어지기 위해선 다른 자원과 에너지가 합쳐져 처리되어야 한다. 이는 왼쪽 세로줄에 있는 생태적 배낭의 일부에만 해당된다. 일반적으로, 산업 제품은 제품의 30배 이상 무게가 나가는 생태적 배낭의 무게를 갖는다.

게 총합으로 정의된다. 즉 판매되는 제품이 만들어지는 모든 과정에 투입된 무게에서 제품 그 자체의 무게를 뺀 것이다. 다시 말해, 이런 계산은 '요람에서부터' 최종 제품까지 모든 과정에 걸쳐 있다.

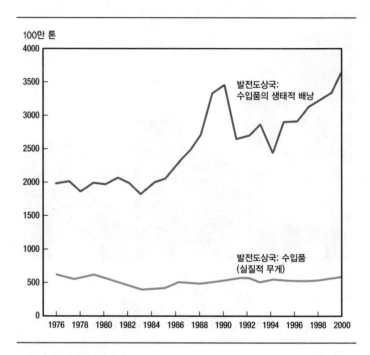

그림 7 수입품의 생태적 배낭

수입품의 생태적 배낭은 1980년대 중반 이후 증가해 왔고, 수입품 그 자체보다 훨씬 많아졌다.

즉 생태적 배낭은 사용된 에너지원의 무게뿐 아니라 제품을 만드는 데 필요한 전기를 생산하는 데 투입된 시설의 무게 비율까지도 포함한다. 제조 공정에 사용된 태양광 기술이나 지열로 얻어진 열에도 똑같은 계산 방식이 적용된다.

이렇게 함으로써, 생태적 배낭은 상품 생산과정에서 쓸데없이 사용된 자원의 부분까지도 지적한다. 이는 상품의 보이지 않는 부분이다. 상품 자체의 무게만 측정할 경우 이 부분은 완전히 누락된다.

생태적 배낭은 가능한 한 가벼워야 한다. 하지만 종종 생태적 배낭은 놀라울 정도로 무겁다. 헬싱키의 핀란드 자연보호협회의 에이야 코스키Eija Koski가 자신이 쓴 책에서 보여준 사례를 살펴보자.

미르야의 무거운 아침

미르야는 오늘 아침 일어나 손목시계(12.5킬로그램)를 차고, 청바지(30킬로그램)를 입은 다음 커피메이커(52킬로그램)의 전원 스위치를 켠 후 커피를 머그잔(1.5킬로그램)에 따라 홀짝홀짝 마신다. 조깅화(3.5킬로그램)를 신고 자전거(400킬로그램)를 타고 출근한다. 사무실에 도착해선 컴퓨터(몇 톤)를 켜고 전화(25킬로그램) 통화를 한다. 미르야의 아침은 다른 날과 똑같다. 그러나 오늘은 생태적 배낭이 계산되었다.

재화들을 사용해 수행되는 서비스의 생태적 배낭은 다음과 같이 표현할 수 있다. 한 서비스의 생태적 배낭은 사용된 기술적 수단(예를 들면 장비·차량·건물 등)에 비례 배분된 생태적 배낭의 합에다가, 채용된 기술적 수단이 사용되면서 비례 배분된 물질과 에너지 소비의 합을 더한 것이다.

제품이 사용되지 않는다면 생태적 배낭은 변함이 없이 유지된다.

생태적 배낭은 제품이나 서비스로 인한 환경에 대한 간섭과 유사한 것들을 반영하고, 생태적 측면에서 상품과 서비스의 비교를 허용한다. 우리는 생태적 배낭에 대한 정보를 갖고, 제품이나 서비스의 설계와 제조를 탈물질화하는 데 이용한다. 이런 식으로, 보다 환경지능적인 상품의 시장 출시를 목표로, 생태적 배낭을 좀 더 가볍게 하려는 모색을 시도해 볼 수 있다.

생태적 가격 또는 사물의 진정한 가격

우리는 제품을 구입하면서 소매가격을 지불한다. 소매가격은 천연 원료와 가공원료, 중간재, 보급품과 생산 그 자체(비임금노동 비용을 포함한 임금)의 모든 개별 가격뿐 아니라 소매업자의 이윤 마진까지를 합한 것이다. 실질 가격(지속가능성의 측면에서 실질적 가격)을 지불하려면, 앞에서 언급한 생태적 배낭에 대해서도 값을 치러야 한다. 그러나 이른바 생태적 가격▪의 금전적 가격을 부르는 대신에 우리는 무게, 즉 생태적 배낭과 제품(차량) 자체의 합계를 명기하고자 한다. 우리가 이런 방법을 사용한다면, 생태적 가격은 원료의 요람에서부터 판매나 서비스 직전의 제품에 이르기까지 발생하는 물질 투입 또는 부가된 물질 가치의 총합을 포함한다.

각 상품에는 특정 통화로 표시되는 자체의 전통적 가격이 매겨지고, 그 상품의 생태적 가격은 자연의 무게로 표시된다. 소매업자가 두 가격을 모두 표시한다면, 중형 자동차의 가격표는 대략 아래와 같을 것이다.

구입 가격: 3만 1,000유로
자체 무게: 1,300킬로그램
생태적 가격: 4만 300킬로그램(비재생 자원)

이 정보는 또 다른 방식으로 제공될 수도 있을 것이다.

구입 가격: 3만 1,000유로
차 1킬로그램당 24유로
비재생 자원: 1킬로그램당 77센트

가격표에 부착된 이들 정보가 영향을 끼치든 그렇지 않든 간에 소비자의 구매 결정은 현재로선 소비자들 자신에게 달려 있다. 특히 혼란스러울 정도로 많은 환경 라벨이 있지만 대부분 내용이 이해하기 어렵기 때문이다.

물질 투입 계수(MIF)

생태적 배낭 계수라고도 하는 물질 투입 계수MIF가 직접적으로 배낭을 계산하는 데 사용된다. 물질 투입 계수는 개별적인 천연 원료와 중간재(요람에서부터 쭉 계산)를 제공하기 위한 질량 이동을 세세하게 계산한 결과이고, 킬로그램당 몇 킬로그램 식으로 표시한다. 우리가 분석해 본 결과, 금속의 경우에 물질 투입 계수가 놀라울 정도로 큰 것으로 나타났다. 예를 들어, 금의 생태적 배낭은 54만 배(팩터)의 물질 투입 계수를 갖고 있다. 이는 금 1그램당 물을 포함하지 않은 54만 그램의 천연 원료가 자연적 위치에서 제거되어 처리된다는 것을 의미한다. 이는 금 1그램당 5,000킬로그램 이상 투입된다는 뜻이다. 이와 대조적으로, 유리의 물질 투입 계수는 킬로그램당 2킬로그램에 불과하다. 물질 투입 계수 값의 차이는 상당히 크다. 우리가 상품의 구성과 전체 무게를 알고 있다면, 우리는 그 상품의 생태적 배낭을 쉽고 빠르게 계산해 낼 수 있다.

1990년대 부퍼탈연구소의 크리스타 리트케와 연구팀은 많은 원료의 물질 투입 계수를 계산해 냈다. 오늘날 이용 가능한 일부 수치는 부록에 제시했는데, 거기에 주어진 수치는 많은 나라에서의 결과를 반영한 것이다. 이 값은 평균치이고, 앞으로 개선할 여지가 확실히 있다.

수치를 분석해 보면, 2차(재활용)원료는 천연 원료로 자연에서 뽑아낸 1차원료보다 환경적 측면에서 훨씬 더 바람직한 것처럼 보인다. 예를 들어, 구리의 경우에 '1차' 물질 투입 계수와 '2차' 물질 투입 계수의 관계는 500 대 10이다. 즉 1차 구리를 재활용된 구리로 단순히 대체하는 것만으로도 50배로 탈물질화한 셈이 된다. 그러나 이는 원래 천연 원료에서 얻어진 구리가 첫 사용 단계에서 이미 그 목적에 이바지했다는 것을 전제로 한 것이다.

다섯 가지 다른 생태적 배낭

우리는 부퍼탈연구소에서 자연발생적인 천연 원료를 실용적 이유에서 다섯 가지 범주로 분류했다. 우리는 이들 다섯 가지 범주 각각에 대해 별도로 생태적 배낭을 계산해 목록을 작성했다. 이 책에서 장려하는 열 배(팩터10)의 탈물질화 목표는 각각의 범주에서 모두 달성되어야 한다. 즉 물질 투입 계수의 범주들은 서로 상쇄되지 않을 것이다. 다섯 가지 물질 투입 계수의 범주는 다음과 같다.

1. 비생물적(무생물) 천연 원료■는 네 가지 범주로 구분할 수 있다. 첫째, 고체 광물 또는 무기 천연 원료나 바위·광석·모래 등과 같이 채광·제련과 다른 추출 과정에서 나온 무기 천연 원료가 있다. 둘째, 주로 발전에 사용되는 석탄·석유·천연가스 등의 화석 에너지원. 셋째, 무기 천연 원료를 추출하기 위해 단순히 이동한(옮겨진) 바위와 흙더미. 넷째, 예를 들어 표토 등의 옮겨진 흙으로, 인프라(건물과 도로, 철도망) 건설 및 유지를 위한 토양과 흙의 모든 이동을 포함한다.

2. 생물 천연 원료■에는 토양을 경작해서 얻은 식물 기반의 바이오매스, 즉 수확·채집되거나 다른 목적으로 사용된 모든 식물이 포함된다. 또 이 범주에는 동물적 바이오매스도 포함된다. 그러나 동물적 바이오매스는 생산을 위해 필요한 식물 기반의 투입 단위로 계산된다.(소 자체가 아니라 소가 먹은 풀로 계산된다.) 생물 천연 원료에

는 야생동물과 물고기, 야생식물(나무 포함)처럼 경작 또는 사육하지 않고서 얻은 바이오매스도 포함된다.

3. 농업과 임업에서 흙의 이동은 경작을 위한 기계적 수단뿐 아니라 침식에 의해서도 일어난다. 농업과 임업으로 인한 천연자원의 이동도 근본적인 생태 변화의 단초가 되기 때문에 이동된 흙의 양이 중요하다. 흙 이동의 양과 빈도는 생태적 영향 정도에 대한 지표 역할을 한다. 수확철마다 기계적 수단(쟁기질과 써레질 등)에 의해 옮겨진 흙의 양은 수확 그 자체와 관련해 대부분의 경우 100 대 1 정도로 매우 크기 때문에, 우리는 농업과 임업에서 토양과 관련한 생산을 위한 흙의 이동 정도에 대한 지표로 침식을 이용한다. 쟁기질과 써레질에 의한 토양의 이동은 생태적 배낭에는 직접적으로 포함되지 않는다. 그러므로 엄격하게 말하면, 이 지표는 기술적 수단으로 이동된(즉 기계적 경작에 의한) 질량의 흐름은 포함하지 않고, 결과로 발생한 흐름, 즉 침식을 포함한다. 이러저러한 이유 때문에, 기계적 수단에 의한 흙의 이동을 10분의 1로 줄이는 것이 시급하고 불가피하다. 대안적 경작 방식은 지금도 이미 이용할 수 있다.

4. 물은 자연에서 기술적 수단에 의해 제거될 때마다 계산에 잡힌다. 여기에는 댐 건설도 포함된다. 그래서 하천이나 강의 자연적 물길에서 수차를 통과해 흐르는 물이나 배의 프로펠러에 의해 움직인 물은 포함되지 않는다. 수원에 따라 지표수, 지하수와 깊은 암반수 등으로 물을 구분하는 것은 일리가 있다. 이들 세 가지 저장지 사이의 물 교환은 시차를 두고 일어난다. 이들 물은 각기 다른 생태적

기능을 갖고 있다. 예를 들어, 깊은 곳의 암반수는 아주 서서히 재생되기 때문에 인간과의 관계를 적용하면 실제 재생 가능한 자원이 아니다. 좀 더 상세한 분석을 위해 물의 지정된 사용을 문서로 기록해야 한다. 화학적 천연자원으로서의 물, 수력 발전용 물, 냉각용 물, 관개와 배수 또는 우회를 위한 물, 수송 수단으로서의 물과 기계적으로 사용되는 물과 같은 범주화가 유용하다고 생각한다.

5. 공기와 그 구성 요소도 물질 투입으로 간주된다. 인간에 의해 적극적으로 추출되어 화학적 성분으로 분해되거나, 화학적 특성에 따라 변화되는 경우(예를 들어, 공기 중의 질소 N_2에서 만들어진 비료의 기초가 되는 암모니아 NH_3)는 물질 투입으로 볼 수 있다. 특히, 여기에는 연소에 필요한 공기와 화학적·물리적 변환과 관련된 과정에 사용되는 공기가 포함된다. 각각의 경우, 예를 들어 연소에 필요한 산소처럼, 공기 중의 변화된 구성 요소의 무게만이 계산된다. 단순히 기계적으로 움직인 공기(풍차, 냉각에 사용된 공기, 압축공기, 환기)는 엄격하게 말해 기술적 수단에 의해 옮겨졌다 하더라도 고려 대상에서 제외한다.

산업 제품에서는 대개 '비생물적 천연 원료'와 '물'의 범주만이 최종적인 결과에 의미 있는 기여를 하는 것으로 밝혀졌다.

그렇다면 왜 이런 범주화를 하는 것인가? 다섯 가지 다른 물질의 흐름은 환경에 매우 다른 영향을 끼치고, 그 흐름의 규모도 상당히 다르다. 예를 들어, 대부분의 산업 제품은 고체 물질보다 10배나 많은 물을 소비한다. 이는 물만 절약하더라도, 상대적으로 쉽게 10분의 1로 줄이기(팩터10)의 목표를 달성할 수 있다는 뜻이다. 물론, 이는 서비스 단위당 투입 물질MIPS 개념의 정신에 비춰 확실히 일리가 있는 말이다. 그러나 이렇게 하면, 압박을 제거하려는 우리의 노력을 물질 흐름의 부분적 제한에 한정하려는 유혹에 빠지게 될 수도 있다. 부분적인 물질 흐름은 기술적으로도 쉽고, 특히 최소화한 것에 대한 금전적 보상이 따른다. 이는 부분적으로 최선의 해법이거나 차선의 해법에 불과하다.

우리는 생태적 배낭을 다섯 가지 범주로 나눴다. 이는 생태계에서 부담을 제거할 때 획일적 관점은 도움이 되지 않으며, 생태적으로 관련된 간섭을 전체적으로 폭넓게 고려해야 한다는 점을 보여주기 위한 것이다.

팩터10(10분의 1로 줄이기)

1995년 나는 매우 지적인 홍콩의 음악 교사와 만나 즐거운 시간을 보낸 적이 있다. 기존 선진국이 모범을 보여준 진보에 대해 이 여성만큼 열정적으로 옹호한 사람을 나는 만난 적이 없다. 그녀는 기존 선진국이 지구상의 약 60억 인구 가운데 훨씬 많은 부분을 차지하는 나머지 나라들의 롤 모델이라고 생각하고 있었다. 자신이 사는 홍콩이란 도시가 거대한 아파트 블록에 수백만 명을 입주시킨 깜짝 놀랄 만한 발전 상황을 우리에게 열정적으로 설명하면서 실제로 얼굴이 발갛게 달아오르기까지 했다. 예전에 4만 명이 거주한, 뱃놀이를 즐기던 지역인 애버딘Aberdeen이라는 곳이 하룻밤 사이에 사라졌다고 했다. 전에 그곳에 살던 사람들은 현재 20층 아파트에 살고 있다. 그 사람들은 지금 무슨 꿈을 꾸고 있을까?

중국과 인도, 인도네시아에 사는 20억 명이 넘는 사람들은 고전적 선진국에서 보아왔던 물질적 번영의 도약을 가능한 한 신속하게 본받기 위해 자신들이 할 수 있는 모든 수단을 동원하고 있다. 우리가 텔레비전을 통해 시청하는 모든 것이 위성방송을 통해 그들 가정에 그대로 전달되고, 도시 길거리에서 목격하는 대형 광고판을 통해 그들 마음속에 그대로 주입되고 있다. 그 결과, 그들이 지향하는 물질적 목표는 분명해졌다.

우리 경제 시스템이 새천년에 적합한지 여부에 대해 우리가 의심을 품고 있는 동안, 그곳에 사는 사람들은 상대적으로 끊임없는 열정으로 우리의 패턴을 그대로 답습하고 있다. 우리가 걸어온 길을 대체로 따라 하는 것 외에 그들이 다른 무슨 대안을 선택할 수 있을까? 그들이 노력한 만큼 성공을 거둔다면 이미 지속가능할 수 없게 된 생태계가 받는 압박은 몇 배로 증가할 것이다. 우리의 생활양식을 답습하는 사람들의 숫자가 전 세계 인구의 80퍼센트를 차지하기 때문이다. 이는 환경에게는 나쁜 소식이다.

그러나 좋은 소식도 있다. 자원 소비가 지속가능하지 않은 수준에 이르게 되자 선진국 사람들은 지속가능한 경제 시스템에 대해 생각하기 시작했다. 반면 '기존' 선진국으로 분류되지 않던 많은 국가도

운신을 위한 약간의 여지를 여전히 남겨둔 1인당 자원 소비의 수준에서부터 출발하고 있다. 그런 여지의 범위는 고전적 의미에서 진보의 범위에 해당된다. 또 처음부터 선진국들이 저질렀던 생태적 실수를 우회하는 수준을 뛰어넘어 보다 지속가능한 경로를 찾아나서고 있다.

적어도 이론적으로는 가능성의 폭이 열려 있고, 또한 실제로도 희망적이다. 번영에 대한 사람들의 열망이 기본적 욕구의 충족과 여전히 연계되어, 생태계에 대한 우려에 관심을 두지 않는 곳에서조차, MIPS 개념은 생태적으로 우수한 대안을 결정하는 데 도움을 줄 수 있다. 그러나 특히 이런 국제적 장에서, MIPS 개념이 우리가 생각하는 것처럼 만병통치약은 아니라는 점이 분명해지고 있다.

인류의 복지와 사회 안전의 틀을 만들어가면서, 현재 여러 국가들은 천연자원 사용에서 매우 다른 양상을 보이고 있다. '가난한' 국가 내에서조차, 그런 차이들은 놀라운 것일 수 있다. 모든 시간과 모든 장소에, 부국과 빈국이 존재하는 것 같다. 오늘날 가장 현저한 차이들은 보다 가난한 국가에서 정확하게 볼 수 있다.

팩터10은 이런 차이들을 고려한다. 이 개념은 문지방국가들 threshold countries과 발전도상국들이 경제적 번영을 위해 1인당 천연자원 소비를 계속 늘려갈 수 있도록, 이들 국가를 위해 의도적으로 일정 정도의 여지를 두고 있다.

10이라는 숫자는 간단한 계산의 결과이다. 전 세계 모든 사람이 현재와 같은 수준으로 자원 사용을 한다는 것은 지속가능하지 않다. 자원 사용을 절반으로 줄인다면 생태계의 부담을 완화할 수 있을 것이라는 점은 그동안 많은 연구 결과물이 보여주었다. 팩터 2(1/2로 줄이기)에 대한 요구는 긴급하고도 필요한 조처이다. 그래서 국제적인 정의justice에 따라 현재 가능한 수준에서 모든 사람에게 자원 사용을 똑같이 배분한다면, 선진국들은 절반 이하로 자원 소비를 줄여야만 하고, 가난한 나라들은 여전히 자원 사용을 늘리는 것이 허용될 것이다.

선진국들은 자원 사용을 얼마나 감축해야 할까? 모든 선진국이 적응과 교육 단계를 거쳐 동일한 소비 수준을 달성하려면, 현재 자원 사용의 약 10분의 1에 도달해야 한다. 이 10분의 1이라는 수치를, 부자 선진국들도 지켜야 한다. 이것이 팩터10에 대한 요구이다.

중국의 경우, 대략적인 계산은 다음과 같다. 중국의 인구는 기존 선진국들 모두의 인구를 합한 정도 또는 전 세계 인구의 20퍼센트 정도를 차지한다. 중국의 1인당 자원 소비는 부유한 나라의 1인당 자원 소비의 약 20퍼센트밖에 안 된다. 부유한 나라들이 평균 자원 소비를 10분의 1로 줄인다면, 중국은 자원 소비를 2배로 늘려도 되고, 지구적인 자원 소비를 절반으로 줄이는 목표도 달성할 수 있을 것이다. 부유한 나라를 제외한 나라들이 중국보다 그다지 가난하지 않고, 그래서 성장을 위해 보다 많은 자원 소비를 요구하지 않는다고 가정한다면 가능한 일이다. 또한, 발전도상국들이 처음에는 팩터 10이라는 자원 소비 개념이 제공하는 범위를 벗어나겠지만, 자국에 '할당된' 수준에 도달하기 위해 자원 생산성을 향상시킴으로써 이후에는 자원 소비를 다시 줄일 것이라고 생각해 볼 수도 있다.

어떤 경우에도, 우리의 이론적 논의가 '부유한' 나라들의 물질적 번영을 가져다준 경로를 발전도상국들이 따라가지 못하도록 막을 수 있다고 생각하는 것은 비현실적이다. 우리가 발전도상국에게 천연자원 소비를 대폭 줄이고도 선진국 수준의 번영을 창출할 실질적 방법을 보여주게 된다면, 발전도상국들이 이것을 가치 있는 모델로 진지하게 생각할 것이다. 세계 경제강국들 사이에서 중요한 발언권을 가질 수 있는 새롭고 '현대적'인 길이라는 인상을 발전도상국 사람들이 갖게 된다면, 그들은 아마도 이 길을 특별히 심각하게 고려할 것이다. 그러나 서양식 소비사회로의 대도약에 필요한 천연자원은 간단하게 얻을 수 없다는 사실이 머지않은 장래에 백일하에 드러나게 될 것이다. 그게 아니더라도 석유와 금, 시멘트 그리고 강철 가격의 최근 동향이 이를 시사한다. 2006년 6월 27일자 『헤럴드 트리뷴』에 따르면, 이들 상품 가격은 2002년 이후 2배로 치솟았다.

원자재 수출 국가들은 탈물질화로 인해 불리한 처지에 놓이게 될 것이다. 팩터10 개념이 경제적으로 지구적 자원의 흐름을 절반으로 줄인다는 데 기반을 두면서, 원자재 수출 국가들은 팩터10에 따른 90퍼센트가 아니더라도 50퍼센트의 수출 손실을 감수해야만 할 것이다! 절반의 수출 감소는 수십 년에 걸쳐 일어날 것이다. 이 기간은 국내적 수준에서 구조적 변화에 경제가 적응하고 경제활동을 다른 부문으로 이동시킬 충분한 시간이 될 것이다.

새롭고 지속가능한 발전 유형에서 선진국들이 발전도상국들의 역할 모델이 되고자 한다면, 선진국들은 OECD 국가들의 현재 경제원조 관행에서 거의 완전하게 거리를 두어야 할 것이다. 오늘날의 경제원조는 높은 자원 소비 세대의 기술과 상품을 수출하고 그런 상품 생산과 관련 인프라를 장려하고 있다. 그러나 이를 수용하는 것은 잘못된 길이다. 언론들이 국빈 방문을 현재 어떻게 평가, 보도하는지를 보게 되면, 얼마나 심각하게 변화가 필요한지 분명해질 것이다. 기관차, 자동차 공장, 공작 기계, 발전소가 더 많이 팔리면 팔릴수록, 국가수반과 그를 수행한 업계 지도자들에게 더 많은 칭송이 쏟아진다. 생태적 관점에서 보면 참으로 말도 안 되는 판단 실수이다.

그렇게 깊게 몸에 밴 행동 양식이 시간이 지난다고 변할 수 있을까? 알 수는 없다. 그러나 가능할 거라고 나는 믿는다.

간단히 말해

모든 물질적 제품의 생산은 생태계에 간섭하는 물질 흐름을 시작함으로써만이 가능하다. 적어도 제품 자체에 포함된 물질의 양이 이동해야 하는데, 원칙적으로 그것만으로는 불충분하다. 모든 물질적 제품은 그 자체로 생태적 배낭을 지고 있다. 생태적 배낭은 제품 제조를 위해 이동해야 했던 천연 원료로 구성된다. 거의 모든 서비스에도 똑같이 적용된다. 비물질적 서비스가 제공된다 하더라도, 여기에는 교통과 보조 장치, 설비 또는 물질적 흐름과 연관된 다른 물질이 필요하다. 서비스도 생태적 배낭을 지고 있다.

생태적 배낭의 규모는 줄여야 한다. 선진국들은 30~50년 안에 경제체제를 팩터10에 따라 탈물질화해야 한다. 오늘날 '잘사는' 선진국들이 이런 목표를 실현한다면, 세계경제의 물질적 흐름을 절반으로 줄이고, 오늘날 '보다 가난한' 나라들은 선진국과 똑같은 1인당 자원 소비에 도달할 때까지 자원 사용을 늘려갈 수 있을 것이다. 팩터2라는 지구적 목표는 세계경제를 지속가능케 하기 위해 우리가 도달해야 할 최소한의 목표이다.

3 생태적 측정 기준

나는 생태적 배낭이라는 아이디어를 도입했다. 생태적 관점에서 우리가 제품의 진짜 가격을 실제로 지불하는지, 그리고 제품을 사용해 우리가 받게 되는 서비스에 대해서도 값을 치르는지 여부를 평가하기 위해서였다. 이제는 다음과 같은 질문을 던지고 싶다. 동일한 효용을 제공하는 두 제품을 비교할 때, 두 개의 상품 가운데 어느 것이 생태적 관점에서 더 좋은 제품인지를 결정하는 데 생태적 배낭만이 도움을 줄 수 있는 것인가?

다소 이상하게 들리겠지만, 대답은 '아니다'이다. 왜냐하면 생태적 배낭은 산업 제품의 발생 기원만을 고려하기 때문이다. 즉 개별적 구성 요소를 위한 자원의 요람에서부터 사용하고 서비스할 수 있는 제품으로 개별 요소를 조립하기까지의 모든 과정이 있는 것은 물론 제품을 구입하는 상점까지 수송이 필요하고 가정까지 운반해야 한다. 하지만 항상 생태적 배낭을 끌고 다니는 것은 아니다.

그러나 한 제품의 실제 수명은 바로 그 지점에서 시작한다. 결국 우리는 제품을 구입하여 효용을 얻기 위해 돈을 지불하는 것이다. 바로 그것이 제품의 존재 이유이다. 그리고 우리가 제품을 활용하기 위해서는, 추가적인 자원이 필요하다. 예를 들어 자동차에 넣을 기름을 구입하거나 전기 요금을 납부할 때처럼 상품을 사용하기 위해 값을 치러야 하는 경우에, 우리는 이런 사실을 깨닫게 된다.

서비스당 비용

예를 들어, 자동차의 효용을 즐기고 싶다면, 연료 탱크에 기름을 가득 채우는 것 이상의 많은 일을 해야 한다. 자동차가 수송 수단으로 기능하도록 하기 위해서 우리는 보험, 세금, 기름, 배터리, 타이어, 세차, 예비 부품, 겨울용 스노체인 등도 살펴봐야 한다. 이런 결과적 비용에 들어가는 비용과 노동은 자동차의 구입 가격이나 생태적 배낭에서는 찾을 수 없다. 정보를 손에 넣기가 어렵거나 불가능하기 때문에 이 비용과 노동의 총계를 쉽게 추산해 볼 수도 없다.

그럼에도, 나는 이 비용을 일차적으로 추산해 보았다. 이렇게 해 보면, 따라 하기도 쉬울 것이다. 자동차가 100킬로미터당 7리터의 가솔린을 사용해 10만 킬로미터를 주행했다고 가정해 보자. 기름값이 리터당 약 1.20유로라고 하면 기름값만 8,400유로 이상이 들고, 추가 비용(세차, 수리, 검사, 세금, 보험 등)으로 적어도 그에 맞먹는 금액이 더해진다. 8~10년을 사용하면, 그 비용만으로 소형차의 원래

가격에 이른다는 결과가 나온다. 이론상으로 고작 10만 킬로미터 밖에 주행하지 않았는데도 말이다!

주행한 킬로미터 또는 차량 이용 시간과 관련해 구입 가격을 산정한다면, 킬로미터당 비용이나 매달 비용은 초기에는 매우 높을 수도 있다. 하지만 시간이 지나면서 구입 가격이 감가상각되기 때문에 자동차를 오래 쓸수록 비용은 줄어든다. 그러나 수리를 자주 하게 되어 비용이 많이 들어간다면, 이 과정은 끝이다. 그래서 경제적으로 말하자면, 우리가 사용하는 물건의 내구성이 아주 중요하다. 결과적으로, 현명한 소비자라도 제품의 사용 수명useful life 동안 발생하는 효용 단위당 또는 서비스 단위당 총비용을 아는 경우에만 시장에서 받은 구매 제안을 비교해 볼 수 있다. 처음 구입할 때 비싸고 무거운 차가 싸고 가벼운 차보다 경제적인 것으로 드러날 수 있지만, 반드시 그런 것은 아니다. 이를 롤스로이스Rolls-Royce 효과라고 한다. 이 신조어는 구입 당시에는 다른 차보다 실제로 비싸지만 내구 수명이 긴 제품은 전체 성능을 고려하면 전반적으로 비싸지 않은 제품이라는 점을 시사해 준다.

물론, 이 말은 제품을 사용하는 동안 성능 단위당 사용된 자원의 양에 대해선 유효하다. 예를 들어, 에너지 절약형 전구는 보통의 전구보다 가격이 평균 5배에서 8배가 비싸다. 그러나 에너지 절약형 전구는 재래식 전구보다 10배나 수명이 길고, 전력 단위당 5배나 빛이 밝다. 즉 값이 비싼 만큼 그 값을 한다. 이 경우, 절약형 전구가 보다 값싸게 서비스를 제공하는 기구이다. 이 점이 중요하다.

제품에 대해 경제적으로 의미 있는 진짜 가격(불행하게도, 오늘날 대부분의 물질적 상품의 가격은 가정적이고 실제로는 계산이 불가능하다.)을 표시하기 위해, 나는 '서비스 단위당 비용'COPS; Cost Per Unit of Service ■이라는 개념과 용어를 제안해 왔다.

'서비스 단위당' 비용을 계산하는 이유는, 제품의 기능은 제품이 수행하는 서비스이기 때문이다. 이것이 결정적인 요점이다. 자동차의 경우, COPS는 기름값과 구입 가격, 신용 비용, 보험, 세금 등과 같은 다른 비용을 포함한 킬로미터당 가격이 된다. 개인 용도로 사용되는 중형차에는 킬로미터당 60유로센트(신용 비용을 제외하더라도) 이상의 비용이 들어간다. 아마도 70~80유로센트가 들 것이다.

우리에게 익숙한 서비스의 경우 고객이 지불한 가격은 COPS와 동일하다. 우리는 이발사나 택시운전사, 의사에게 COPS 측면에서 비용을 지불한다. 즉 COPS는 이미 존재하고 있다! 전화 요금이나 전기 요금을 내거나 기차표를 살 때도 COPS를 지불한다. 이는 원칙적으로 서비스 제공자가 COPS로 대가를 지불받는다는 것을 의미한다. 반면, 물질 상품의 공급자는 '물품당 비용'에 대해 돈을 받는다. 자신이 필요로 하는 서비스를 받기 위해 제품을 얼마나 사용할 필요가 있는지를 알아내는 일은 소비자들이 스스로 해야 한다.

일반적으로, 서비스를 제공할 수 있는 제품의 개별 소유자는 이를 할 수 없다. 이들은 COPS를 알지 못한다. 이는 결국 자신들이 추구하는 효용을 위해 얼마를 지불해야 하는지 모른다는 것을 의미한다. 그러나 자동차의 사례를 이용해 대략적으로 살펴본 것처럼,

이 정보는 이들에게도 제공될 수 있다. 총비용뿐 아니라 킬로미터당 현재 비용을 COPS로 디지털화해 보여주는 택시 미터기와 유사한 장치를 모든 자동차에 설치하기만 하면 될 것이다.

이제 COPS가 어떻게 작동하는지를 살펴보자. 새 차를 파는 딜러는 차에 딸려 제공되는 체크카드를 이용해 차량에 탑재된 컴퓨터에 날짜와 총비용을 입력한다. 비용에는 구매 가격뿐만 아니라, 보험·세금·신용·운송·등록에 따른 비용이 포함된다. 제조업체가 보증하는 총연비 kilometrage 는 딜러에게 차량이 인도되기 전에 이미 차량 컴퓨터에 입력되어 있다. 체크카드는 연료 주입이나 정비, 수리, 통행료, 주차비뿐 아니라 교통 위반 범칙금을 내는 데도 이용할 수 있다. 또한 운전자의 거래 은행과 기술적으로 연계되어, 은행 대출 계정을 기록하고 대차대조표를 작성하고, 차량세와 보험료를 지불하는 데도 이용할 수 있다. 체크카드 없이는 이들 청구서에 지불할 수 없고, 차량의 시동조차 걸 수 없다. 시동을 걸 때마다, 그동안 발생한 추가 비용이 자동적으로 차량 컴퓨터에 입력된다. 체크카드는 차량 소유자가 항상 휴대한다. 물론, 체크카드는 개인 식별 번호로 보호를 받는다. 차량을 팔 때는 판매 가격을 시스템에 입력하고, 체크카드는 새로운 소유자에게 넘겨진다.

계기판에 통합된 COPS 미터기는 다양한 최신 정보를 제공한다. 예를 들어, 이전에 지불한 모든 비용과 차량의 보증된 총성능에 기초한 킬로미터당 현재 비용, 차량 구입 이후 월별 비용, 10초 간격으로 측정한 킬로미터당 연료 사용뿐 아니라 현재 하고 있는 주행의 평균값 등의 정보를 제공한다.

자동차 딜러는 자신의 경험과 고정 비용(자동차세), 보증된 전체 성능 등에 기초한 수치를 고려해 차량 가격표를 다음과 같이 내걸 수 있다.

차량 가격: 3만 1,000유로
COPS = 100킬로미터당 70유로(보증된 총성능에 따라 정상적으로
    사용하는 경우)

우리는 자동차뿐 아니라 제품의 사용 수명 동안 비용이 발생하는 다른 장비, 기계 또는 건물에 대해서도 COPS 미터기를 생각해 볼 수 있다.

예컨대 포장지 같은 일회용 제품의 경우에는 상황이 다르다. 사용으로 인한 비용이 발생하지 않기 때문이다. 여기에는 예를 들어, 해시계, 리넨 면제품, 그리고 그림이나 보석 같은 수명이 긴 제품도 해당된다. 기름 몇 방울만 이따금 떨어뜨려 주면 되는 단순한 도구나 수동으로 사용하는 장비도 언급할 가치가 있는 결과적 비용이 발생하지 않는다.

우리는 오래전부터 알고 있었을지도 모른다. 사용 기간 동안 결과적 비용이 발생하는 제품은 내장 모터나 난방, 냉방 및 조명이 있을 뿐 아니라 전기를 사용하고 정기적인 정비를 요하는 것들이다. 그러나 폐기물 처리 비용은 모든 제품에서 발생할 수 있다.

효용의 생태적 가격

COPS는 특정 제품이 제공하는 서비스를 이용하기 위해 실제로 얼마를 지불해야 하는지 우리에게 알려준다. 불행하게도, 이런 금전적 지출은 이른바 '환경 비용', 즉 서비스를 이용 가능하게 하기 위해 필요한 자연의 '소비량'과는 거의 관계가 없다.

제품의 전체 수명에 걸친 환경 소비를 파악하기 위해 나는 측정 단위로 MIPS를 일찍이 제안했다. MIPS는 '서비스를 제공하는 기계'service delivery machine의 서비스 단위당 수명 내내 물질 투입(에너지 포함)을 의미한다. 즉 MIPS는 생태적 배낭의 개념을 초월하며, 장치의 부분들이 폐기 처리될 경우에만 종료된다.

앞서 논의한 대로, MIPS에서 MI는 톤이나 킬로그램, 그램으로 표시된다. 반면 서비스의 S는 '크기가 없는' 것이고, 하나의 상품이 제공하는 특별한 성능으로 정의할 수 있다. 이 점은 뒤에서 설명할 것이다. 여기에서 결정적인 것은 '기본적인 서비스'이다. 예를 들어, 자동차의 경우 사람-킬로미터이다. 부가적인 욕구와 특별한 조건은 처음부터 2차적인 중요성만을 가진다. 자동차는 애초에 그것이 발명된 목적을 다하는 데 있어 발열 가죽시트를 필요로 하지 않는다.

예를 들어 세탁기처럼, 사용하는 동안 자원을 사용하는 제품의 경우, MIPS 가운데 MI는 생태적 배낭에다가 세탁기 자체의 무게, 그리고 정해진 서비스S를 위한 모든 물질 투입(에너지 포함)을 합산해 계산된다. 예를 들어, 세탁기 1대의 경우에, '의류 5킬로그램 세탁'은 서비스로 보는 게 적합하다.

단 1번만 사용되는 제품(예를 들어, 종이컵은 해당되지만, 30번이나 새 필름을 끼워 재판매되는 일회용 카메라는 아니다.)에 대해 얘기할 때, S=1이고, MIPS는 생태적 배낭에 제품 자체의 무게를 합한 것이다.

해시계, 그림 또는 의자와 같이 수명이 긴 제품, 즉 자원의 사용 없이 오랫동안 서비스를 제공하는 제품에 관심이 있다면, 이 제품의 MIPS=(제품의 생태적 배낭 MI + 제품 자체의 무게) ÷ (제공되었거나 아직 제공되지 않은 서비스 S의 수많은 단위)이다. 즉 '수요가 많지 않은' 내구성 제품의 경우, MIPS는 작다. 즉 이러한 상품의 자원 생산성이 매우 높다는 것을 뜻한다. 이런 상품들은 생태적 관점에서 보면 특별 관심의 대상이다.

MIPS는 여러 가지 방식으로 정의하고 설명할 수 있다.

MIPS = 서비스 단위당 물질 투입 = '서비스 제공 기계'가 제공하는 서비스 한 단위를 이용하는 데 드는 생태적 총비용(물질과 에너지 소비가 해당된다.) = 하나의 제품을 사용하는 데 드는 생태적 비용 = 서비스 단위당 환경이 제공하는 보조금.

MIPS는 분명히 COPS의 생태적 등가물이다

COPS는 '내 돈으로 실제로 무엇을 얻고 있는가'라는 질문에 답을 해준다.

MIPS는 '이 서비스에 대한 환경 보조금은 얼마나 비싼가?'를 우리가 이해하도록 해준다. 따라서 미래의 생태적 혁신은 새로운 형태의 사용과 서비스 제공으로 확연히 구분될 것이다. 적어도 종래의 상품과 서비스만큼 필요를 충족시키지만, 서비스 단위당 자원 소비를 실질적으로 덜 요구하게 될 것이다.

즉 MIPS와 COPS는 모두 최고 전통의 경제원칙 위에서 만들어진 측정 기준이다. 최소한의 투입으로 일정한 결과를 실현하는 것이 중요하다. 목표는 특정한 투입(생산성)으로 최대 사용을 달성하는 것이다.

MIPS뿐 아니라 COPS는 서비스를 제공하는 상품에 대해서만 들어맞는 측정 기준이다. 즉 천연 원료나 다른 물질에는 적합하지 않다. 석탄과 같은 천연 원료나 알루미늄과 같은 원료는 서비스를 제공하지 않는다. 서비스는 이들 자원이 사용된 제품이나 서비스에 의해서만 제공된다. 석탄이나 알루미늄은 MIPS가 없다. 단지 석탄을 태우는 발전소나, 석탄을 태워 '전력을 생산하는' 서비스, 알루미늄으로 만들어지는 창틀의 경우에 MIPS가 계산된다.

서비스 단위(S)

MIPS는 물질과 에너지의 투입MI을 이런 투입이 계산되는 하나 이상의 서비스 단위s와 연결지어 준다. 우리는 MIPS를 사용할 수 있도록 서비스 단위에 대한 정의에 합의해야 한다. 서비스 단위는 상품이 누군가의 처분(소유 또는 사용 권리)에 맡겨진 것과 관련된 사용의 단위이다. '서비스'와 '사용'이라는 용어는 이런 맥락에서 동일한 의미를 갖는다. 두 용어는 동의어로 사용된다. 우리는 제품에 따라 서비스 단위를 결정하는 세 가지 방식을 구분한다.

1. 주요 목적이 거리를 극복하는 데 있는 육상 모터 차량의 서비스(예를 들면 트럭, 자동차, 오토바이가 있지만 선박이나 항공기는 아니다.)는 킬로미터로 측정한다. 우리는 킬로미터당 수송하는 화물의 양이나 사람 수도 고려해야 한다. MIPS 계산에는 처음 사용에서 최종 사용까지 모든 서비스 단위의 합계를 포함한다.

2. 장비와 기계, 그리고 내장된 사용 주기가 있는 제품이 제공하는 서비스는 특정 주기 동안 제공된다. 예를 들어, 세탁기, 식기세척기, 의류 건조기, 태엽시계, 수세식 화장실, 콘크리트믹서, 커피 메이커 등이 여기에 적용된다. 이들 제품에 대해선, 서비스 단위의 총 숫자는 제품 사용 수명의 시작부터 끝까지가 몇 주기인가로 계산된다. 또한 주기당 처리되는 양은 일정하게 정해진다. 예를 들어, 세탁기는 주기당 5킬로그램의 세탁물을 세탁한다. 그것이 세탁기가 제공하는 서비스이다. 서비스 단위의 총 숫자는 세탁기가 세척할 수 있는 세탁물 무게의 숫자로 표시된다. 이와 유사하게, 시계는 제한된 수만큼 태엽을 감을 수 있고, 일정 기간 동안 작동한다. 커피 메이커도 일정 기간 동안 6~12컵 분량의 커피를 만들어낸다.

3. 사용 내구성이 사용자에 의해 결정되는 장비와 기계, 제품 그리고 건물의 경우에는 사용 지속 기간이 서비스 단위로 계산된다. 이렇게 함으로써 이 기간 동안 사용하여 혜택을 보는 사람의 숫자나 성능도 고려해야 한다. 예를 들어, 스토브가 제공하는 서비스는 사용 지속 기간뿐 아니라 스토브에서 요리한 음식을 먹은 사람의 숫자와 동시에 사용할 수 있는 버너의 숫자에 따라 달라진다. 다른 예로, 진공청소기의 성능은 흡입력이고, 컴퓨터 모니터의 성능은 화면의 크기이다. 건물은 층별 면적으로 결정되고, 일반적으로 냉장고의 성능은 용량으로 부여된다.

사용 지속 기간은 다른 시간 길이로 지속되는 개별적 사용 기간으로 나눌 수 있다. 가능하다면, 사용 기간은 개별적 사용 순간의 가장 짧은 의미 있는 시간과 일치하도록 정해진다. 즉 사용 시간은 다음과 같이 측정된다.

1. 한 시간 이내. 예를 들어 신호 전송장치, 신발 닦는 솔, 도구, 손목시계 등의 사용 시간.
2. 수시간 이내. 예를 들어 비행기, 진공청소기, 스토브, 전구, 롤러스케이트, 컴퓨터, 텔레비전 세트 및 기타 가전제품 등의 사용 시간.
3. 수일 이내. 예를 들어 화훼용 가위.
4. 수년 이내. 수명이 긴 제품과 사용 빈도 및 강도 변화에 따라 사용이 달라지는 상품의 경우. 수명이 긴 상품에는 무엇보다도 건물, 수

영장, 고속도로 교량, 인프라, 미술 작품, 도로 건설 기계, 난방 시스템, 가구, 보트, 욕실, 식기, 수저, 그리고 책 등이 있다.

서비스 단위를 결정하는 일은 항상 조사 대상에 따라서도 달라진다. 특히 비교 대상이 무엇이냐에 따라 달라진다. 두 개 이상의 제품을 비교할 경우, 예를 들어 사람 한 명을 1킬로미터 수송하는 것 (1사람-킬로미터)과 같이, 가능한 가장 작은 공통의 서비스 단위가 정해져야 한다. 이렇게 하면, 다른 교통수단(버스, 열차, 자동차)에 필요한 물질과 에너지 투입의 직접 비교가 가능해진다.

열 명의 사람에게 효용에 따라 제품의 서열을 매겨달라고 요청한다면, 아마도 열 개의 답이 나올 것이다. 어떤 제품이 유용한지의 여부와 이 제품과 경쟁하기 위해 제공된 상품보다 유용한지의 여부는 무엇보다도 주관적인 우선순위와 기호의 문제이다. 그러나 서로 다른 주관적 평가를 비교하는 데 과학적 기준이 도움을 줄 수 없기 때문에, 비교 가능한 서비스 단위를 결정하는 일이 실용적이고 실질적인 타협책 구실을 하게 된다. 결국 그것은 항상 개인적 결정의 문제이다. 그러나 이런 결정이 이해할 수 있는 사실과 MIPS와 같은 명확하게 정의된 잣대로 뒷받침되는지, 또는 결정을 내리는 사람이 자신의 주관적 판단과 우연히 취득한 사전 지식에 전적으로 의존하게 되는지의 여부는 큰 차이를 만들어낸다. 예를 들어, 특정 목적지로 여행하는 데 두 가지 대안을 제시할 경우에, 결정을 내리는 데 어려움을 겪지 않을 사람은 거의 없다. 그럼에도 불구하고, 한 여행 방식이 다른 여행 방식보다 사람-킬로미터 차원에서 상당한 환경적 피해를 야기한다는 점을 알게 된다는 것은 가치 있는 일일 것이다.

사례: 어떤 것이 탈물질화된 강철인가?

한번은 독일 철강업계의 중역 한 사람이 '생태 문외한'인 자신이 탈물질화된 강철에 대해 어떻게 개념을 세워야 하는지에 관해 교묘하게 질문을 해온 적이 있다. "강철은 강철이기도 하고 강철이 아니기도 하다. 질량에서 원료를 일부 떼어내면 똑같은 강철이 적게 나온다는 걸 의미할 텐데……."

물론, 그 점이 탈물질화에 대한 모든 것은 아니다. 강철을 적게 사용하면 강철로 만들어진 차량의 몸체를 탈물질화한다. 그러나 강철 1톤은 여전히 강철 1톤이다. 강철의 '요람', 즉 처음 철광석을 채굴할 때의 물질 집중도MI에서부터 시작해야만 1톤의 강철을 탈물질화할 수 있다. 그러나 심지어 강철의 경우에도, 여전히 개선의 여지는 확실히 있다. 예를 들어, 물을 적게 사용하거나 수송을 줄일 수 있다. 다른 방식의 용광로를 사용하거나 (생태학으로 적은 비용이 들어가는) 전기로에서 강철을 생산할 수도 있고, 폐철을 더 많이 제련할 수도 있다. 단적으로 말해, 생태적 배낭을 최소화할 수 있다.

이 중역은 이 얘기를 듣고서, 그런 개선 방향의 긴 목록을 즉각 줄줄 외기 시작했다. 일부는 이미 실행된 것이고 나머지는 계획 중이었다. 그리고 그는 생태 문제에 어떻게 대처해야 하는지 질문을 던졌다. 위와 같은 개선으로는 기껏해야 이산화탄소만 약간 줄일 뿐이 지 않은가!

그 얘기는 맞는 얘기처럼 들릴 수도 있다. 그러나 중요한 요소로 서 제품 효용에 직접적으로 초점을 맞추는 MIPS의 중요한 측면을 간과하고 있다. 예를 들어, 교량은 강철로 만들 수 있다. 교량의 목 적은 계곡의 한쪽에서 다른 한쪽으로 건너게 하는 데 있다. 이런 효 용(서비스)은 여러 방식들, 즉 콘크리트 교량, 강철 교량, 또는 오르 락내리락하는 아주 긴 도로를 건설해 얻을 수 있다.

그러나 효용 측면에서 강철 교량의 생태적 배낭은 열린 공간을 넓 게 차지하는 긴 도로를 차치하고서라도, 콘크리트 교량보다도 훨씬 적다. 결국, 독일 철강업계의 그 중역은 이 제안을 아주 흥미롭게 받 아들였다.

자원 생산성: 보다 적은 자원 사용으로 보다 많은 효용을

'물질 투입'과 MIPS라는 용어는 산업 현장의 실무자들이 잘 아는 용어인 '생산성'과 밀접하게 연관되어 있다. 서비스 제공에 필요한 물질의 양이 적을수록, 자원은 보다 생산적으로 사용된다. 천연자원 의 비생산적인 사용은 대규모 물질 투입과 동일한 의미를 갖는다.

수학적 측면에서, 자원 생산성과 물질 소비는 서로 반비례한다. 하 나가 감소하면, 다른 하나는 증가한다. 반대의 경우도 마찬가지이다. 한쪽에 물질 투입MI 또는 생태적 배낭이 있고, 다른 한쪽에 서비스당 물질 투입MIPS이 있는 것처럼, 우리는 자원 생산성의 두 가지 유형도 구별해야 한다. 우리가 특정 제품에 관심을 두느냐 서비스에 관심을 두느냐에 따라, 우리는 생산의 자원 생산성이나 서비스의 자원 생산성을 얘기한다.

생산의 자원 생산성

생산의 자원 생산성은 제품의 제조에 들어가는 에너지와 물질 투입의 효율성을 재는 측정 기준이다. 제품의 생태적 배낭ER이 작으면 작을수록, 제품 제조의 자원 생산성은 커진다.

요점을 정리해 보자. 생태적 배낭은 제품에 포함된 환경 자원의 양이 얼마나 큰지를 보여주기 위해 제품 '뒷면에 적어놓을' 필요가 있는 물질의 양이다. 제품의 무게와 생태적 배낭은 모두 제품의 전체 물질 투입MI을 구성한다. 이런 이유에서, 제품의 무게를 제품의 무게와 생태적 배낭의 합계로 나눈 제품의 물질 집중도로 생산의 자원 생산성을 계산한다.

실례를 들기 위해, 부퍼탈연구소의 크리스토퍼 만슈타인Christopher Manstein의 계산을 이용해 보기로 하자. 오토바이의 무게가 190킬로그램(0.19톤)이고 생태적 배낭이 3.3톤(오토바이의 자체 무게를 뺀 수치)이라면, 자원 생산성은 0.19 ÷ (3.3 + 0.19) = 0.054로 계산된다. 이는 자연적 위치에서 옮겨진 (무생물) 천연 원료의 5.4퍼센트만이 효용을 제공하는 기계로 변환되었다는 것을 의미한다. 기술적 성과로 자부할 만하기는 거의 어렵다.

그러나 우리가 봐왔던 것처럼, 이 계산은 생태적 관점에서 보면 완전한 것이 아니다. 왜냐하면 오토바이 제조에 들어간 천연 원료뿐 아니라 오토바이를 이용하는 데 필요한 천연 원료를 고려해야 하기 때문이다. 결국, 오토바이를 타려면 가솔린을 사용해야 한다. 쥐덫에 치즈가 필요한 것처럼 말이다. 얼추 계산해 보더라도, 사용하면서 자원을 소비하는 서비스 제공 기계의 경우 전체 수명 동안의 생태적 배낭은 그 제품을 생산하는 데 들어간 생태적 배낭의 약 두 배의 무게이다. 우리가 예로 든 오토바이의 경우, 사용을 포함하면 자원 생산성은 약 2.8퍼센트로 떨어진다.

불행하게도, 이 사례는 극단적인 사례가 결코 아니다. 평균적으로, 우리가 생산한 기계는 제품 무게 1톤당 30톤의 생태적 배낭의 무게를 갖고 있다. 대략적으로 견적한 평균치로 보면, 독일에서 기술적 제품 전체 제조업의 자원 생산성은 $1 \div (30 + 1)$, 약 3.2퍼센트 수준이다.

서비스의 자원 생산성

지금까지 자원 생산성에 대해 논의하면서, 서비스에 대해서는 아직 얘기하지 않았다. 제조된 제품이 제공하는 서비스는 무시하고, 제품의 자원 생산성을 계산하는 방법을 제시해 왔다. 자원 생산성을 계산해 보면, 통상적으로 개선이 어디에서 이뤄질 수 있는지 아주 빠르게 확인해 볼 수 있다. 그러나 내가 앞서 언급했듯이, 우리가 기존 제품을 출발점으로 이용하지 않고, 우리가 어떤 서비스 욕구가 있는지를 생각하고 가능한 한 최소량의 자원을 필요로 하는 방식으로 이런 욕구들을 충족할 수 있는 방식을 추구한다면, 우리의 경제 시스템을 탈물질화하는 기회가 훨씬 더 커질 것이다.

우리가 개선할 필요가 있는 것은 서비스나 효용을 제공함에 있어서의 자원 생산성이다. 즉 물질 투입MI, 또는 제품 자체의 무게와 생태적 배낭의 합으로 나눈 성능 단위 또는 서비스s 단위당 자원 생산성이다.

서비스의 자원 생산성은 S/MI로 계산된다. 우리는 이미 완전히 반대로 이를 검토해 왔다. MI/S는 서비스 단위당 물질 투입MIPS이다. 우리는 서비스를 제공하는 기계의 효용에 대한 자원 생산성이 MIPS의 역수라는 것을 알고 있다. 이는 MIPS가 서비스의 자원 생산성에 대한 측정값이라는 것을 의미한다.

서비스의 자원 생산성은 기술적 영역에서 생태 지능적인 혁신을 수단으로 삼아 개선할 수 있다. 즉 기술적으로 정교한 방식으로 물질 집중도를 줄임으로써 가능하다. 그러나 이 방법이 유일한 방법은 아니다. 요소의 효용을 증대시킴으로써 동일한 결과를 얻을 수 있다. 이 영역에서 개선은 각자 그리고 모든 사람에게 열려 있다. 우리가 자원을 절약하기 위한 의식적인 결정을 내린다면, 그렇게 함으로써 기술 혁신을 하는 발명가와 설계 기술자들이 동일한 목표를 성취할 수 있다. 그들은 제품이 제공하는 서비스의 자원 생산성을 개선할 수 있다. 기술자 그룹이 MI를 줄이고, 소비자 그룹은 S, 즉 효용을 증대시킨다. 이러한 개선 과정에서 소비자의 참여는 매우 중요하다. 결국, 보다 적게 자원을 소비하는 해법에 대한 소비자의 호의적인 결정으로 생산성을 향상시킬 수 있다. 그 규모는 기술자들이 실제로 새로운 발명을 통해 성취해 낸다 해도 수십 년이 걸릴 규모이다. 소비자 행동의 변화는 흔히 자원 생산성의 급격한 향상을 이룰 수 있는 가장 빠른 방법이다. 우리는 이를 서비스의 자원 생산성에 있어서 '민간private 부문에서의' 증가라고 줄여 부르기로 하자.

예를 들어, 개개인이 각자 자동차를 이용하는 대신 이웃과 카풀을 할 수 있다. 두 사람이 전처럼 두 대의 차량을 사용하는 대신 한 차를 타게 되면, 그들이 사용하는 차는 과거 자원 생산성의 2배의 서비스를 갑자기 제공하게 된다. 이는 깜짝 놀랄 만한 생산성 향상이다. 기술적 관점에서 볼 때, 효율성 측면에서 세기적인 도약이다. 산업혁명이 시작된 이래로, 기존 시스템의 효율성은 기술적으로 1년에 약 0.5퍼센트 정도 개선되는 게 통례였다.

한 가구가 다른 가구와 함께 자동차를 공유하거나 카풀을 하기로 하고, 새 차를 사기까지 오랫동안 가족차(패밀리카)를 이용한다면 동일한 효과를 얻을 수 있다. 주방에서도 알루미늄 호일을 여러 번 재사용하거나, 거의 사용하지 않는 스포츠 장비를 구입하는 대신에 대여할 수도 있다. 최고로 정교한 기술을 이용할 때만 존재하는 기술적 잠재력보다도, 이런 다양한 가능성이 상당히 넓게 존재한다.

모든 경우에서, 개인적 결정에 기반한 서비스의 자원 생산성 향상은 기술적인 변화를 요구하지도 않고, 즉시 효과가 있고, 항상 돈을 절약하게 해준다는 점이 결정적으로 중요하다.

제품 생산에 사용된 천연 원료의 가격이 비쌀수록, 제조 부문에서 '기술적' 자원 생산성을 개선하기 위해 더욱더 많은 돈을 지불한다. 예를 들어, 황금으로 기술 장비의 부품을 제조한다면, 이 부품을 가능한 한 작게 설계하거나, 보다 저렴한 대체 물질을 찾아 나설 가치가 있을 것이다.(이는 화학 산업 분야에서는 대단히 큰 기회 가운데 하나이다.) 그러나 현재 대부분의 천연 원료는 상대적으로 저렴하다. 담배 두 갑의 값으로, 모래 1톤이나 주방의 수도꼭지를 통해 전달되는 음용수 2톤을 구입할 수 있다. 지금까지 극소수의 기업인만이 자신들의 수익을 개선하기 위해 정확하게 이 길을 밟아왔다는 것은 이상한 일이 아니다. 이를 위해선 혁신적인 지성과 끈기, 그리고 장기적인 계획이 필요하다.

'생태적 가격'과 가격표

MIPS 개념에 대한 우리의 작업을 보여준 텔레비전 쇼에서, 사회자는 MIPS가 앞으로 언젠가 제품의 견적을 내는 데 이용될 것을 가정해 MIPS의 의미를 시청자들에게 생생하게 보여주고 싶어 했다. 사회자가 보여준 짧은 화면은 백화점에서 촬영했는데, 카메라가 선반 위의 제품을 따라가면서 낯익은 가격표를 보여주었다. 그러나 가격표는 그 제품에 할당된 MIPS의 정보도 함께 담고 있었다. 시청자들은 다음과 같은 사실을 알 수 있었을 것이다. 두 경쟁 제품이 대략 동일한 가격이라면, 물론 제공되는 서비스 단위당 물질 집중도가 보다 작은 제품을 사게 될 것이다. 그리고 소비자가 환경친화적인 구매를 결정한다면, 생태학적으로 '더 나은' 제품에 대해 기꺼이 조금 더 지불할 마음이 생길 수도 있을 것이다.

그 언론인은 짧은 장면을 통해 내가 그토록 바랐던 일, 즉 소비자가 이런 서비스나 저런 제품을 구입하기 위해 환경이 '지불'하는 가격을 소비자가 볼 수 있도록 제품과 서비스의 가격표를 붙이는 일을 실현했다. 실생활에선, 소비자들이 대부분의 경우에 낮은 MIPS 구입보다 지렴한 가격을 선호할 것으로 나는 예상한다.

MIPS로 매겨진 '생태적 가격'이 실제로 어떻게 결정되는지 살펴보도록 하자. 근본적으로, 생태적 가격은 제품이나 서비스가 환경에 부담을 지우는 정도에 대한 포괄적인 측정 기준이어야 한다. 생태적 가격은 상품과 서비스가 환경에 부담을 주는 잠재력, 즉 생태적 교란의 잠재력을 물리적 단위로 표시해야 한다. 환경적 부담이 자원 소비의 결과이기 때문에, 이들 가격은 서비스를 제공하는 제품의 생태적 배낭과 동일할 수 있다.

그렇다면 제품 자체의 가격에 추가해 유로나 각국 통화로 표시된 생태적 배낭에 대한 정보, 즉 '요람에서 소비자까지' 계산된 생태적 정보 또는 더 정확히 말해 MIPS로 표시된 생태적 정보가 미래의 가격표에 포함되지 않아야 할 이유가 있겠는가?

그런 가격표를 붙인다면 '우리 경제가 지속가능성의 길로 나아가

는 데 기여하는가 또한 기여한다면 어느 정도나 기여하게 되는가?'
라는 흥미로운 질문이 제기된다. 우리는 식품에 환경 독소가 없다
는 정보가 소비자들의 의사 결정에 상당한 영향을 끼친다는 것을
알고 있다. 예를 들어, 제조업자가 자신이 생산한 제품에 의도적으
로 사용된 제초제와 농약 성분이 없다는 점을 보장한다면 상당히
높은 가격에 제품을 판매할 수 있을 것이다. 그러나 이런 구매 행동
은 환경에 대한 소비자의 일반적인 우려와 관련돼 있기도 하지만 그
보다는 소비자의 개인적 건강에 대한 욕구와 훨씬 더 큰 관계가 있
음이 분명하다.

환경보호의 관점에서는 가령, 뉴질랜드산 사과가 (스위스, 오스트
리아, 독일 국경의) 콘스탄스 호수Lake Constance 지역의 사과나 (이탈
리아 티롤 지방의) 메라노Merano산 사과보다 소비자들에게 인기가
없는지 여부를 알아보는 것이 훨씬 더 흥미로울 것이다. 제품의 원
산지 국가에 대한 정보의 효용성에 대한 연구들은 환경에 대한 우
려가 소비자 행동에 얼마나 영향을 끼치는지를 조사하는 데 더 적
합하다. 소비자들은 왜 스페인산 오렌지보다 이스라엘산 오렌지를
선호하는 것일까? 가격 차이는 미미하다. 실질적 의미에서, 유럽 내
에서든 세계 다른 지역에서든 공개적이고 은밀하게 상당한 운송 보
조금이 지급되어 거리의 차이는 완전히 없어졌다.

생태적 배낭이나 MIPS 단위를 사용해 가격표를 붙이는 것만으론
소비자의 구매 결정에 많은 도움을 주지 못할 것이다. 결국 생태적
배낭이 225라는 말의 의미는 무엇일까? 이게 많은 수치일까? 적은

수치일까? 내가 감당할 수 있을까? 소비자들은 모든 제품마다 금전적 가격을 자신의 지갑 사정과 경제적 이익에 직접 관련시켜 볼 것이다. 작은 플라스틱 장난감의 가격이 2.5유로라면 비싸다고 여겨질 수 있지만, 주요한 비용 요소는 되지 않는다. 입지 조건이 유리한 아파트의 가격이 25만 유로라면 싼 것일 수 있지만, 이 액수가 구매자의 예산을 초과했다면 이 아파트는 비싼 것이다.

그러나 생태적 배낭과 비교되는 예산이란 무엇일까? 소비자는 생태적 배낭이나 MIPS로 표현된 '생태적 파괴 잠재력'을 환경의 전반적인 건강과 관련짓지 못한다.

상품에 생태적 가격표를 붙이는 것만으로 지속가능성을 향한 결정적 진보라는 결과를 얻어낼 수는 없을 것 같다. 그럼에도 불구하고, 국제적 수준에서 널리 적용되고 조화 가능한 산업 제품의 생태적 가격 표시의 개발은 다음과 같은 여러 이유에서 합리적이고 중요한 일이다.

첫째, 독일에서 부유한 소비자들은 생태적 가격 표시를 신뢰할 수 있는 한 그것을 고려한다. 제조업자들은 소비자들의 구매 행동을 잘 파악하고 이에 따라 대응하는 경향이 있다. 그래서 생태적 가격 표시는 지속가능성을 향한 약간의 추진력을 제공할 수도 있다.

둘째, 어린이들을 대상으로 조기 실험을 진행한 적이 있는데, 이 실험에서 아주 어린 나이에 그리고 단시간 내에 생태적 배낭의 적합성을 잘 이해하도록 하는 일이 실제로 가능하다는 것이 입증되었다. 부퍼탈연구소에서 마리아 벨펜스Maria Welfens와 하이케 슈타인

캄프Heike Steinkamp가 주도한 '어린이를 위한 MIPS' 프로젝트의 목적은 어린이와 청소년들에게 MIPS 개념을 가르칠 추가적인 방법을 보여주는 데 있다. 교육계에 이런 지식을 광범위하게 전파하는 일은 소비자들이 가능한 한 어린 나이에 자원 생산성의 경제적·생태적 의미와 친숙해지게 하기 위해서 바람직하다. 미래에 '환경 간섭'이나 COPS를 표현하는 가치를 제품이나 서비스의 구입 가격에 통합하는 일이 가능할지 여부와 상관없이, 생태적 배낭과 MIPS에 대한 지식은 특히 과세를 결정하는 데 필요할 것이다. 또 '생태적 진실을 얘기하지 않는'(에른스트 울리히 폰 바이체커Ernst Ulrich von Weizsäcker) 오늘날의 가격표와 보다 현실적인 미래의 가격 구조 사이의 간격이 희망적으로 좁혀지는지를 모니터하기 위해서도 필요할 것이다.

생태적 가격

생태적 배낭은 요람에서 최종 물질 또는 제품이 만들어지기까지 사용된 모든 천연 원료에서 제품 자체의 무게를 뺀 것이다. 생태적 배낭에 제품 자체의 무게를 합친 것이 물질 투입이다. 앞서 살펴본 것처럼, 다섯 가지의 생태적 배낭을 구분할 수 있다. 즉 무생물 천연 원료와 생물 천연 원료의 생태적 배낭 각각과, 물과 공기의 생태적 배낭 각각, 그리고 지구 운동의 생태적 배낭이 있다. 원광석에서 원료로 만들어지는 과정에서 니켈, 전로강electric steel, 구리 같은 무생물 원료가 생산되는 동안에 물의 생태적 배낭(예를 들어, 광석의 처리)과 공기의 생태적 배낭(예를 들어, 수송)도 생겨나지만, 나는 단순화하기 위해 무생물 원료의 생태적 가격을 산출할 때는 무생물 배낭만을 고려하는 방법을 택했다.

그렇기 때문에 원료의 생태적 가격을 결정하기 위해, 원료가 기술적 과정에서 사용될 수 있을 때까지 원료 1톤당 이동해야 하는 천연자원의 무게와 에너지의 사용량을 제공하는 것만이 필요하다. 미래에 무생물 원료의 가격표는 다음과 같을 것이다.

모래(톤):	10유로	MI 1.2(톤/톤)
니켈(톤):	11,200유로	MI 141(톤/톤)
전로강(톤):	620유로	MI 3.36(톤/톤)
구리(톤):	3,250유로	MI 500(톤/톤)
금(톤):	2260만 유로	MI 54만(톤/톤)

이제 서비스나 효용을 제공하는 물질적 상품의 생태적 가격을 살펴보자. 물질 투입을 생태적 가격으로 받아들인다면, 예를 들어 삼원 촉매 장치의 가격표는 다음과 같다.

삼원 촉매 장치:	1,200유로	MI 2.7(톤/단위)

그리고 금반지의 가격표는 다음과 같다.

반지(금, 7그램):   550유로   MI 3.8(톤/반지)

우리는 이런 방식으로 렘브란트Rembrandt의 그림에 대한 생태적 가격을 결정할 수도 있다. 그림의 무게가 10킬로그램(액자 제외), 생태적 배낭(안료도 중금속을 포함)이 100킬로그램(추정)이고, 2000만 유로(추정)의 시장 가치가 있다고 가정하자. 그 결과는,

렘브란트의 그림: 2000만 유로   MI 0.1(톤/작품)

즉 예술 작품에 대한 투자는 생태적 관점에서 보면 예외적으로 보상을 받을 수 있다. 우리가 구매를 상상해 볼 수 있는 일상의 물건에 대해 몇 가지 예를 더 살펴보도록 하자.

못(강철):	0.01유로	MI 0.0000036(톤/못)
못(구리):	0.05유로	MI 0.0004(톤/못)
자동차(중형 모델):	3만 유로	MI 45(톤/자동차)
자동차(고급 모델):	9만 유로	MI 70(톤/자동차)

이러한 결과를 얻기 위해서는 고급 모델의 자동차로 그 수명 동안 중형 모델 자동차의 약 2배의 거리를 운전할 것을 고려해야만 한다. 그래서 고급 모델 한 대와 중형 자동차 두 대를 비교해야 한다. 고급 모델은 수명 동안 모두 약 40만 킬로미터를 운전하고, 중형 자동

차는 단지 20만 킬로미터를 운전한다고 가정해 보자. '요람'에서부터 대리점까지, 두 대의 중형 자동차는 90톤의 '비용'이 들고, 고급 모델 한 대는 70톤의 '비용'이 든다.

다음에는 서비스의 생태적 가격, 즉 MIPS를 생각해 보자. 중형 자동차는 100킬로미터당 약 8리터의 연료를 필요로 하고, 반면 고급 모델은 11리터의 연료를 필요로 한다. 중형 자동차는 40만 킬로미터를 달리는 데 7리터씩 약 4,000번, 28톤의 연료를 사용할 것이다. 연료의 물질 투입 계수는 약 1.2이기 때문에, 이 연료의 생태적 가격은 34톤이다. 고급 자동차에 대해 똑같이 계산하면, 53톤(4,000 × 11 × 1.2)이라는 결과가 나온다. 전부 해서, 40만 킬로미터를 운전하는 데 중형 자동차의 물질 투입은 118톤이 추가된다. 고급 자동차에 해당하는 수치는 123톤이다.(타이어나 수리, 인프라 등 제외)

이것은 단지 개략적인 초기 비교이다. 두 경우에서, 타이어나 오일뿐만 아니라 도로 교통 인프라에 대한 MI를 고려하지 않는다고 해도, 킬로미터당 약 300그램의 (재생 가능하지 않는) 자연을 소비한다. 핀란드에서 이뤄진 최신 연구 결과에 따르면, 자동차로 운전하는 킬로미터당 생태적 인프라 비용이 차량 자체의 생태적 비용의 10배(!)까지 이를 수 있다.

마지막으로 식품의 생태적 가격을 간략하게 살펴보자. 엄격히 말해서, 식품의 생태적 배낭에는 많은 것을 넣어야 하기 때문에 계산이 아주 복잡하다. 이 때문에, 식품의 사례는 '요람에서 생산자에 의한 판매'까지의 생태적 가격으로 제한할 것이다. 즉 종자 생산, 화학 약품, 운송, 가공 처리, 신선도 유지, 소비자에게까지 가는 도중의 포장 등을 무시할 것이다.

자원 생산성의 관점에서, 침식 erosion 을 지표로 사용함으로써 식품의 생태적 가격을 가장 간단하게 표시할 수 있다. 명백히 식품 생산 탓으로 돌릴 수 있는 침식 부분에 초점을 맞추면서, 토양 침식 부분을 특정 식품에 관련된 각 식품의 생태적 배낭으로 계산할 것이다. 생산된 식품의 톤당 토양 침식의 톤수가 그 결과이다. 부퍼탈 연구소의 슈테판 브링게추 S. Bringezu 와 헬무트 슈츠 H. Schütz 는 독일에 수입된 바이오매스의 침식 집중도를 계산했다. 독일 국내에서 재배한 농업 및 임업 제품의 값은 매우 유사하다. 이들 수치는 등락이 상당하지만, 세 가지 중요한 혜안을 제시해 준다.

1. 오늘날 농업과 임업에 의한 모든 바이오매스 생산은 대단히 자원 집약적이며, 생산품의 톤당 침식의 톤으로 측정된다. 요람에서 제품까지 톤당 톤으로 표시되는 산업 제품의 자원 소비와 실제로 비교해 볼 수 있다.(앞서 바이오매스 생산에서 높은 폐기물 비율에 대해 언급한 적이 있다.)

2. 송아지고기와 쇠고기는 수출국에서 이들 고기를 얻기 위한 생물 물질 투입 계수 MIF 에 비교되는 토양 침식률을 갖는다. 이 수치는 산출 단위당 자원 투입과 관련해 동물단백질 생산의 자원 효율성이 매우 낮을 뿐 아니라, 또 고기 생산과정에서 일어나는 침식에 의해

반으로 줄어든다는 사실을 보여준다.

3. 특히 바이오 디젤뿐 아니라 다른 재생 가능한 에너지원의 생산을 위한 현재의 재배 방법은 화석 에너지원에서 추출한 연료의 MIF값보다 훨씬 큰 생태적 배낭을 동반한다. 그렇기 때문에, 화석연료를 곡물에서 추출한 바이오연료로 바꾸자는 제안은 신중하게 검토해야 하고, 결정을 내리기 전에 전체 수명에 걸친 계산을 해봐야 한다.

원료나 에너지원으로서 재생에너지의 산업적 이용에 대해 논의하고 결정을 내릴 때에는 이들 혜안을 일반적으로 참작해야 한다.

더 나아가, 과일이나 다른 식품의 가격표에 재배 지역(플로리다산 오렌지, 뉴질랜드산 사과, 북독일산 햄)을 포함하는 것이 좋다. 생산국을 밝히는 것은 이미 유럽연합의 법적 요구 사항이기도 하다. 하지만 예를 들어 영국이나 독일처럼 국토가 넓은 나라는 거의 모든 지역에서 재배가 가능하기 때문에, 이곳에서 생산되는 주요 식품에 대해서는 원산지에 대한 추가 정보를 요구하는 것이 합리적이다. 한편, 고기와 생선의 경우, 사료로 사용되는 바이오매스(브라질산 콩, 일본산 어분)의 생산국이 표시되어야 한다. 엄청난 양이 수송되고 이로 인해 상당한 환경 비용이 발생하기 때문이다.

가격이 생태적 진실을 말해 줄까?

에른스트 울리히 폰 바이츠제커의 유명한 말 중 하나가 "가격은 생태적 진실을 얘기하지 않는다"이다. 이 말은 오랫동안 인구에 회자되었다. 많은 제품과 천연 원료는 이를 제공하기 위해 필요한 생태계 내 간섭 정도가 전혀 반영되지 않은 값에 구할 수 있다. 이 말이 맞는지에 대해서는 아무도 의심하지 않는다. 물질적 상품의 생태 교란 잠재력을 평가하기 위해 생태적 배낭을 사용하는 데 우리 스스로 만족한다면, 여러 상품을 실제로 서로 비교해 보고 상품의 시장 가격이 '생태적 거짓'이라는 결론에 이르게 된다.

이를 위해, 우리는 원료 1톤당 물질 투입이 몇 톤이 되는지 많은 원료에 대해 조사해 볼 수 있다. 즉 톤당 몇 톤의 물질 투입(톤/톤)이 이루어지는지 계산해 볼 수 있다. 이 결과를 생태적 배낭을 가격으로 나눈 톤당 가격과 비교해 볼 수도 있다.(원료의 세계 시장가격은 일일 단위로 변화한다. 여기에서 사용하는 가격은 실제로는 현재 시세와 다를 수 있다. 그러나 이 차이는 우리가 비교하는 데 별 관계가 없다.)

표 2에 따르면, 우리가 전로강을 구입할 때, 유로당 생태적 배낭의 무게는 상대적으로 가볍다. 달리 말해, 전로강의 생태적 배낭은 상대적으로 높은 가격에서 계산된 것이다. 반면, 이런 관점에서 본다면, 생태학적으로 말할 때 구리는 모래보다 저렴하고, 금은 전로강보다 4배 이상 저렴하다. 이들 원료의 가격이 '생태적 진실'과 다르고, 28배나 차이가 있다고 말할 수 있다. 제품에 관계없이 톤당 물질 투입의 비용을 거의 같은 값으로 계산한다면, 그때 가격이 '생태적 진실'일 것이다.

하지만 이것도 여러 화석 에너지원들처럼 서로 유사한 제품들

물질	MI(무생물)/유로
구리	0.308
모래	0.2
금	0.0480
니켈	0.0252
전로강	0.01096

표 2 물질 투입과 무생물 원료의 가격 비교

사이에서는 사실이 아니다. 여기에서 가격은 24배나 차이가 나고, 24배나 '생태적 진실'과 차이가 있다. 부퍼탈연구소의 계산(표 3)이 이를 보여주고 있다.

물질 투입과 서비스 물질 상품의 가격 비율을 비교해 보면, 렘브란트 그림의 가격은 삼원 촉매 장치보다 45만 배 생태적으로 유익하고('보다 진실되고'), 금 가격보다 500만 배 생태적으로 유익하며, 구리 가격보다 3000만 배 생태적으로 유익하다는 것을 알 수 있다. 예술 작품이 생태적 측면에서 권장할 만한 제품이라는 것은 전적으로 놀랄 일이 아니다. 이들 예술 작품이 재활용 부품이나 원료로 만들어지지 않더라도, 혹은 적어도 기념비적인 작품이 아니더라도 그렇다.

그러므로, 가격의 '생태적 거짓'에 대한 바이츠제커의 말은 옳다. 생태적 진실과 탈물질화 경제로 나아가기 위해선, MIPS와 같은 단위로 상품의 가격표를 붙이는 것이 좋다. 이 생태적 단위는 소비자들에게 생태적 특징에 따라 제품을 비교할 수 있는 보편적으로 적

에너지원	MI/유로(무생물)	MI/유로(표준)
갈탄	0.112	21
석탄(수입)	0.132	24
난방유	0.024	4.4
석탄(독일 국내산)	0.0188	4.1
디젤	0.0054	1
경질 난방유	0.0104	2.1
천연가스	0.0072	1.3

표 3 물질 투입과 에너지원 가격의 비교(지수: 디젤 =1)

용 가능한 도구를 제공하고, 제품을 생태 지능적으로 구매할 수 있도록 도와줄 것이다.

4 경제의 신진대사

경제적 생존이나 생물학적 생존이나, 경제활동과 토지 사용에 의한 물질 흐름 없이는 둘 다 지구상에서 불가능하다. 좋든 싫든, 경제와 생태, 경제 시스템과 환경이라는 두 가지 복잡한 비선형 시스템은 서로 맞물려 있다. 두 시스템 간의 교환이 지속적으로 일어나고, 두 시스템의 영역 사이에서 물질과 에너지 흐름이 이루어지고, 토지 사용이 바뀐다. 이런 연계는 불가피하다. 자연과 거리를 두고 환경과 접촉하지 않는, 다시 말해 '환경친화적'이지 못한 경제 시스템은 존재하지도 않고 존재할 수도 없다.(그림 8)

옷이나 주택, 교통수단이 필요하다면, 우리는 자연이 제공하는 자원을 끌어들여 만들어야 한다. 우리는 환경에 대한 간섭을 그만둘 수는 없다. 우리는 자연에서 나와서 자연을 이용한다. 우리에게는 다음과 같은 선택지밖에 없다. 첫째, 경제 시스템과 생태계 사이의 긴밀한 연계를 이해하고 수용해야 한다. 둘째, 신중하고 계획적으

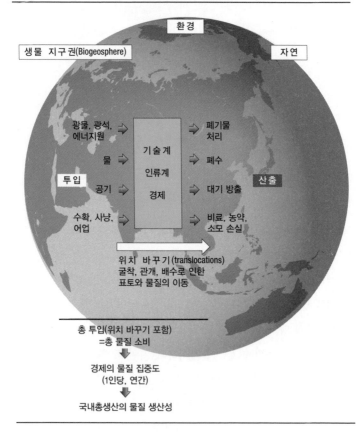

그림 8 우리는 우리가 필요로 하는 제품을 만들고 식량을 얻기 위해 자연환경에서 자원(공기, 토양, 물, 광물, 생명체)을 옮겨놓는다.

자원은 목적을 다한 뒤, 다시 자연으로('요람으로') 돌아간다. 그 과정에서 원래 지구 토양에서 추출된 물질은 모두 성질이 바뀐다. 물질 흐름의 대차대조표는 다른 나라에서 수입하고 다른 나라로 수출하는 것을 포함해 일정한 경제 지역에서 일어난 모든 구성 요소의 변동 사항을 기록하고, 큰 그림을 얻기 위해 퍼즐처럼 엮는다.

로 경제 전반에 걸쳐 이런 통찰을 고려해야 한다. 생태계가 우리에게 제공하고 우리가 실존적으로 의존하고 있는 서비스가 우리의 간섭 이후에 여전히 제공되고 미래 세대도 여전히 이용 가능하도록 보장함으로써, 우리는 운신할 수 있는 여지를 창출해 낼 수 있다. 원칙적으로, '공진화' co-evolution 라고 할 수 있는, 앞서 언급한 두 복잡한 시스템 간의 상태를 달성하는 것이 바람직할 것이다. 이 표현은 경제와 생태 둘 다 각각 자체 영역에서, 그리고 상호 밀접한 접촉을 통해서 좀 더 발전할 수 있는 상황을 의미한다. 진화적 변화는 실제로 마치 자연의 법칙인 것처럼 두 영역 모두에서 불가피하다. 이 점은 쉽게 밝혀질 수 있다.

한편, 경제적 측면에서 보면, 점점 늘어나는 인구를 위해 삶의 질을 향상하고 사회 안전을 구축하는 데 필요한 혁신적이고 경쟁력 있는 제품과 서비스에 대한 새로운 아이디어들이 끊임없이 요구된다. 하지만 우리가 미래에도 생태계에서 필요한 자원을 계속해서 추출할 수 있다고 가정하는 경우에만, 이런 종류의 진보와 발전을 계속할 수 있다. 우리가 환경으로부터 더는 필요한 자원을 제공받지 못하고 자원과 함께 주어지는 서비스를 받지 못한다면, 경제 시스템과 식량 공급은 붕괴될 것이다.

생태계는 자체의 법칙에 따라서, 그리고 자체의 속도에 맞춰 변화하는 조건에 스스로 적응함으로써 끊임없이 진화한다. 그러나 과도하게 탐욕스러운 경제 시스템이 너무 근시안적인 계획을 세우고 자연을 화수분(가능한 한 신속하고 효율적으로 자원을 추출해 제품으로 전환하고 수익을 투자에 돌리는 식으로)인 양 취급한다면, 생태계는 자체적으로 계속해서 진화해 나갈 수 없을 것이다.

이 점은 다음과 같이 설명할 수 있다. 인간의 사회적 환경과 기술계, 그리고 자연환경 사이에, 연관된 모든 것에게 혜택을 주는 생물군집biocoenosis, 즉 공생symbiosis이 존재해야 한다. 획득한 혜택이 잔존해서 모두의 생존 가능성을 향상시키는 방식으로 공생 참여자들의 행동이 적응해 가는 것이 공생의 특징이다.

비즈니스와 정책 영역에선, 아직도 물질적 성장을 건전한 경제 발전의 중요한 조건으로 간주하는 정책 결정자들이 존재한다. 이들은 그것을 최근 수 세기 동안 성공적인 모델이라고 간주해 왔다. 이런 맥락에서는 이들 정책 결정자가 근본적으로 경제와 생태계 사이 물질적 교류의 양에 어떠한 물리적 제한도 존재하지 않는다고 생각하기가 아주 쉽다. 이런 전제 위에서 정책 결정자들은 물질적 신진대사가 경제적 프로세스의 과학적 이해에 대해 특별한 관련성을 갖는다고 보지 않는다. 이 사고방식에 따르면, '환경문제'는 시스템에 내재된 어려움이 아니라 '외부' 문제의 불편한 총합이다. 환경 문제는 환경과 건강에 대해 인식할 수 있고 측정 가능한 피해에 관한 것이다. 즉 특정 주체의 경제활동이 인간에 끼치는 가시적이고 명백한 피해에 관한 것이다. 예를 들어, 산업적 납 배출로 인해 인근에 거주하는 주민들이 병에 걸리거나, 구리 제련소 인근 나무들의 오염 수준이 높아져 산림이 죽기 시작할 때와 같은 경우이다.

이런 관찰들은 우리에게 1970년대 초 환경에 대한 경각심을 높이는 데 도움을 주었다. 상황을 개선하기 위해 환경문제의 선구자들은 '오염자 배상 원칙'이라는 개념을 개발했다. 이 원칙에 따르면, 타인이나 타인의 재산에 피해를 입힌 책임 있는 당사자는 피해 비용에 책임을 진다. 즉각적으로 실현 가능해 보이는 이 아이디어는 정치적·법률적 차원에서 쉽사리 시행되지 못했다. 이 아이디어는 곧이어 잠재적 오염자가 환경 피해의 발생을 처음부터 방지하도록 시도해야 한다는 데까지 확대됐는데, 이는 적절한 환경 기술을 조기에 사용함으로써만 이뤄질 일이었다. 물론 이런 환경 기술의 개발과 이용에는 돈이 들어간다. 기업체로서는 결국 정부 규제로 인해 발생한 추가 비용을 고객들에게 전가하는 수밖에 없다. 그에 따라 재화*와 서비스*의 가격이 상승하리라는 것은 불문가지이다.

이런 견해는 환경 피해를 제한하거나 피할 수 있고, 필요하다면 복구도 가능하다는 확신에 기초한다. 적절한 기술적 수단으로 환경 피해를 없앨 수 있다는 식이다. 이러한 전략은 오염자 자신(색출이 가능하다면)과 규제 당국 모두에게 확실하게 추가 비용을 안겨줄 것이다. 이런 식의 환경보호는 재정적 부담 외에도 불가피하게 정치적 혼란도 야기한다는 점을 경험으로 알 수 있다. 개별 국가에서 결정된 모든 조처는 불공정 경쟁을 피하기 위해 유럽연합 회원국 사이에, 그리고 다른 교역 상대국들과도 조율되어야 하기 때문이다.

이런 맥락에서 적절한 경제성장을 이루게 되면 그런 비용 부담이 가능하다고 자주 얘기되고 있다. 이런 주장은 오늘날에도 여전히 널리 퍼져 있다. 우리의 경제 조언자들이 사용하는 기존의 계산 방법에 따르면, 그런 조처로 환경을 보호하고 복구하는 비용도 국내총생산GDP을 늘리는 데 기여한다. 국내총생산은 모든 '진보'에 대한 기본적인 경제적 측정 기준이다. 방금 설명한 대로, 이런 식으로 배출 직전에 처리하는end-of-pipe 환경보호도 경제성장을 진작하는 데 도움이 된다.

경제와 생태계 간 물질적 교류를 한쪽으로 하고 생태적 서비스 기능의 능력을 다른 한쪽으로 하는 양쪽 사이의 인과관계를 인식하지 못하는 경제 전문가들은 성장, 세계화, 무역, 자산 획득에 대한 자연적 한계에 많은 관심을 기울이고 싶어 하지 않을 것이다. 그들에게는 세계경제의 불리적인 무한 성장만이 바람직하고 가능해야 하기 때문이다.

한 가지 여담: 바벨탑

바우테르 반 디렌Wouter van Dieren〔네덜란드 암스테르담에 있는 지속가능성과 혁신에 관한 싱크탱크인 IMSA 회장이자 로마클럽 과학패널 의장—옮긴이)이 물질적인 무한 성장과 관련해 바벨탑을 예로 들며 기막힌 얘기를 한 적이 있다. 피터르 브뤼헐 Pieter Brueghel the Elder, 1525~1569은 구약성서 창세기 11장 1~9절에 따라 자신의 마음의 눈으로 바벨탑(그림 9 참조)을 그렸다.

약 3,500년 전 바빌론의 바벨탑 이야기는 하느님에게 가까이 다가가 가능한 한 하느님과 동격이 되고자 했던 하(下)메소포타미아의 전지전능한 통치자의 소망에서 시작되었다. 자연의 자원을 이용해 엄청나게 높은 탑을 세우는 것이 그가 취한 방식이었다. 통치자는 제국에서 가장 현명한 성직자와 건축가, 그리고 기술자들을 모두 불러들였다. 최고의 경제 전문가는 비용을 계산해 냈다. 그들은 이 모험적 사업의 진전을 추적할 간단한 방법을 아주 세심하게 만들었다. 붕괴에 대비하고 필요한 수송 수단을 이용해 높이 올라갈 수 있도록 하기 위해 구조는 분명 피라미드 또는 원뿔 모양이어야 했다. 그 건물 구조가 충분히 높게 세워질 수 있도록 기초 또한 거대해야 했다.

나팔소리가 시끄럽게 울려대는 가운데 바벨탑 건설이 시작되었다. 수천 명의 가난한 농민들이 공사를 위해 징발되었다. 운송과 벽돌 제조, 그리고 지역의 숲을 관리 감독하는 자들은 큰 부자가 되어 강력한 권력자가 되었다. 경제 전문가들의 계산에 따라, 오르내리는 작업 인부와 수송 수단의 숫자가 결정되었다. 왕의 꿈이 자라고 있다는 희소식을 왕에게 매일 보고하는 감시소가 미래의 피라미드 입구에 세워졌다. 바벨탑 사업의 명성은 제국의 국경을 넘어 멀리까지 퍼져나갔다. 점점 더 많은 사람이 하늘로 올라가는 데 동참하기 위해 먼 나라에서 몰려왔다. 작업 인부와 그들의 주인뿐 아니라 동물까지도 너무 거대해 오르내릴 수 없게 되자, 건축 구조물 안에서 거주하며 먹고 살아야 할 때가 왔다. 혁신이 긴급하게 필요해졌다. 인간의 노동은 날로 증가하는 노동비용 때문에 지능형 도구와 기계로 대체되었다. 주택과 주방, 도로, 상점, 그리고 진료소들이 더 높은 층에 하나씩 하나씩 세워졌다.

건설 인부뿐 아니라 탑 안팎의 시설, 그리고 피라미드 입구에서의 이동량이 지속적으로 늘어났다. 이 다국적 사업에서 언어 소통상의 혼란은 더욱 심각해졌다. 건설 인부와 관리들에게 보내는 신호는 더욱더 알 수 없게 되었고, 이로 인해 오해가 잦아지면서 통신 문제가 더욱더 골칫거리로 떠올랐다. 건축자재와 인부들의 식량은 점점 더 먼 지역에서 운송되어 왔다. 일부에서는 일종의 세계화에 대한 소문들이 퍼져나가기 시작했다. 이런 필요 불가결한 일들은 전체 프로젝트를 진행해 나가는 상황에서 당연히 일어나는 일로 여겨졌고, 매일매일 왕에게 자랑스럽게 보고되었다.

시간이 지나면서, 쓰레기와 시체들을 아래로 옮기는 일이 점점 더 늘어났다. 탑을 확장하기 위한 건축자재를 위로 옮기는 일은 유지, 보수, 식량 공급을 위한 짐들로 인해 혼잡스러워졌다. 입구의 감시소는 동요하지 않고 계속해서 탑 건설의 진전 상황을 발표했다. 점차 의사소통이 어려워지고 명령이 혼란스러운 상황까지 발생했다. 건조물이 곳곳에서 붕괴됐다. 결국 새로운 건설은 전면 중단되었다. 무한 성장의 프로젝트가 끝장난 것이다. 경제적 환상을 향하던 여행은 역사의 안개 속으로 사라졌다. 수천 년을 견뎌온 베두인족의 야영용 모닥불에서 이야기만이 대대로 전해올 뿐이다.

이 이야기는 태양 아래 새로울 게 없다는 느낌을 우리에게 던져준다. 어쨌든 바벨탑과 현재 우리의 상황 간에 놀라운 유사성이 있어 보인다.

그림 9 「바벨탑」 피터르 브뤼헐

불가분의 관계: 경제활동과 생태계

전체 경제에서 천연자원의 지속가능한 소비와 관리는 삼림, 석유 매장량, 토양 또는 어족 등 개별 자원과 이들 자원의 이용을 우리가 어떻게 지속가능하게 취급하느냐는 문제를 훨씬 넘어선다. 오히려, 이 문제는 생산과 소비의 전 영역에서 자연의 소비를 개편함으로써 인간 경제활동의 물리적 기초를 어떻게 하면 지속가능하게 만들 수 있느냐는 것이다.

과학적 관점에서 볼 때, 환경문제의 시스템적인 근원적 요인이 번 영을 가져오는 경제구조와 생태계 사이에서 이루어지는 부적절한

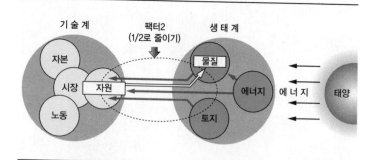

그림 10 생태계와 경제의 공생

인간이 만든 기술계의 경제는 생태계에서 천연자원(물질, 토지)을 이동시킨다. 자본, 노동과 자원 등 세 가지 생산 구성 요소는 기술계에서 제시된다. 오늘날 경제는 여전히 대부분의 에너지를 화석연료 원에서 얻고 있다. 미래에는 비물질화 기술로 태양에너지와 지열 에너지를 만들어 에너지에 대한 경제적 필요를 충족해야 한다. 즉 가능한 한 생태적으로 '중립화'되어야 한다. 쓸모없는 물질은 생태계로('요람으로') 다시 되돌려져야 한다. 지속가능성에 접근하기 위해선, 물질 자원의 지구적 소비를 절반으로 줄여야 한다.

신진대사에 있다는 점을 이제는 더 이상 의심할 여지가 없다. 따라서 이 문제는 경제 그 자체의 미래 생존 능력을 다룬 것이다. 이는 큰 그림을 그려보면 쉽게 알 수 있다. 모든 인류가 서구식 소비 패턴에 맞추어 살고 싶어 한다면, 지구라는 하나의 행성으로는 충분하지 않을 것이다. 이에 덧붙여, 안정적이라고 오랫동안 믿어왔던 대기와 생물권에서 일어나는 평형 상태의 역동성이 오늘날까지도 경제에 막대한 결과적 비용을 유발하는 쪽으로 변하고 있다.

물질의 흐름은 기술 수단에 의해 움직이고 산업적 가공 과정에 의해 바뀐다. 이런 물질의 흐름이 지구의 생태적 평형 상태를 얼마나 변화시키고, 그 결과로 인해 어떻게 생명이 절멸되고 인간이 만든 가치 있는 물건이 사라지게 될지 매일매일 더욱더 분명해지고 있다. '한 세기에 한 번 있을까 말까 한 홍수', 잦은 사이클론과 허리케인에 관한 뉴스를 그냥 흘려듣기가 힘들게 되었다. 빙하가 녹으면서 해수면이 상승하고 있다는 소식은 일일 뉴스 보도의 일부가 되었다. 빙하가 후퇴하면서 유럽 지역 기후에 심각한 결과를 초래할 멕시코 만류의 역류 가능성이 높아지고 있다는 추측도 무성하다.

'건강한' 환경(우리가 필요로 하는 서비스를 제공하는 환경)과 전체 경제의 미래 지속가능성을 유지하는 일은 서로 복잡하게 연계되어 있다. 그리고 자유 시장경제가 지배하는 세상에서 생산 시스템과 경제 시스템만이 사회적 안정을 보장할 수 있기 때문에, 지속가능성의 세 가지 차원 모두는 자원 소비와 중첩되어 있다. 예를 들어, 자원 생산성이 오늘의 시대를 지배하고 있다는 점을 상품과 서비스가 보여주고 있는 한, 소비를 늘리고 경제성장을 이루어 새로운 일자리를 창출한다는 것은 불가능한 일이다.

물질 흐름의 대차대조표

기업뿐 아니라 개별 가정, 지역, 국가, 그리고 전체 세계경제를 위해 물질 흐름의 대차대조표를 만들어볼 수 있다. 우선 이런 대차대조표는 일정한 경제적 실체나 지역, 국가 또는 세계가 환경에서 추출하는 자원을 처리하는 방법에 대한 정보를 제공한다. 효용을 제공하지 않고 생태적 배낭을 채우는 상부 퇴적물 overburden과 같은 물질의 이동과 실제 사용되는 천연 물질의 비율은 얼마나 될까? 얼마나 많은 물질이 경제 시스템 속에서 제 길을 찾아 잔존하고, 얼마나 많은 물질이 짧은 시간을 거쳐 폐기되는 것일까? 인구와 관련된 균형의 결과를 설정한다면, 우리는 다른 지역과 국가들의 생태 생산성을 서로 비교하는 데 사용할 지표를 얻을 수 있다. 독일과 다른 국가들을 위한 초기 데이터는 지금도 구할 수 있다. 천연 물질의 처리량과 경제적 번영 간의 관계가 결코 조화롭지 못하다는 점은 분명하다. 독일인 1인당 매년 70톤의 천연 원료를 이동시키지만, 일본인 1인당 이동량은 그 절반이라는 사실(두 경우에서 물은 제외하고 계산한 것이다.)이 두 나라 사이의 번영의 수준을 설명해 주는 것은 아니다. 오히려 두 나라 사람들이 각각 천연자원 사용에 얼마나 관대한지를 말해 준다.

자원 전략

경제적 번영을 목적으로 천연자원을 이동·추출·변화시키는 행위, 즉 생태계의 자연적 평형 상태를 변화시키는 행위는, 삶과 건강의 안전에 대한 손실뿐 아니라 간접적으로 경제적 재화의 파괴로 이어진다.

인류 역사상 오늘날과 버금가는 물질의 순환이 이루어진 적은 한 차례도 없었다. 경제와 생태계 사이의 신진대사는 지금까지 결정적인 한계선을 넘어선 것으로 보인다. 15년 전, 나는 전 세계적으로 자원 추출을 50퍼센트로 줄일 필요가 있다는 계산을 한 적이 있다. 당시 나는 에른스트 폰 바이츠제커가 초대 소장으로 있는 부퍼탈연구소의 '물질 흐름과 연구 관리' 부서에서 책임자로 일하고 있었다. 부퍼탈연구소는 이른바 팩터10 전략이 개발된 곳이다. 팩터10 전략의 목표는 향후 수십 년 동안 선진국들의 자원 효율성을 적어도 평균 10배 높이자는 것이다.

당시 우리 팀은 팩터10에 의해 탈물질화의 중심 목표를 실질적으로 실행하기 위한 기초를 제공하는 데 필요한 많은 세부 사항을 정교하게 가다듬으려고 시도했다. 팩터10을 이용하면, 경제 시스템은 제품의 판매를 통해 규정되는 것이 아니라, 대신 이들 제품이 제공하는 서비스에 초점을 맞추게 된다.

옛 방식의 환경보호로 성공을 거두기도 한다. 그러나 이 방식으로는 경제가 지속가능성의 목표에서 멀어지는 것을 막을 수 없음을 사람들이 깨달았기 때문에, 새로운 전략이 필요했다. 이런 이유 하나만으로도, 새로운 생태 전략은 다른 방식을 따라야만 했다. 과도한 자원 소비를 감축할 수 있을 것이라고 우리가 희망하는 미래의 서비스 경제가 그 예가 될 수 있다.

지속가능성 정책은 경제 순환의 투입 국면에서 자원 보호를 다룰 것을 요구한다. 경제와 소비자가 지속가능하지 않은 발전의 결과적 비용을 지불해야 하는 마지막 국면에서가 아니다. 현실 사회주의의 실수를 반복하지 않는 한, 정부 지원금, 명령 또는 금지라는 수단으로 자원 소비를 규제할 수는 없다.

이미 제시한 것처럼, 엄밀히 말하자면 자원 전략의 장점은 제조업자와 소매업자, 그리고 소비자들의 생태 지능적인 시장 행동에 대한 인센티브를 만들어주는 경제정책 수단을 사용할 수 있다는 사실에 있다. 그리고 무엇보다도 천연자원이 경제를 통해 제 길을 가기 전에 가격을 올림으로써 가능하다. 그러나 이러한 가격 상승은 경제에 대해서 비용 중립적인 방식으로 이루어져야 한다. 그렇지 않으면 막대한 생태 세금이 될 것이고, 황금알을 낳는 거위를 죽이는 꼴이 될 것이다. 새로운 일자리를 창출하는 것과 동시에 이런 일들을 할 수 있는 방법은 다음 장에서 논의할 것이다.

자원의 가격을 인상할 경우, 자원 낭비는 외부의 간섭 없이 제조, 소매, 수송, 보관 및 소비의 모든 단계에서 그 자체로 처벌이 된다. 또한, 폐기물은 결국 독일 폐기물 관리법에서 수년 전 의미론적으로 이름을 붙인 '가치 있는 물질'Wertstoffe, materials of value 이 된다. 그러나 자원 가격 상승에 대한 제조업 부문의 결정적 대응 방식은 자원 생산성을 높인, 즉 MIPS를 줄인 제품과 서비스를 시장에 내놓는 것이다. 시장 경쟁은 상당 부분 이런 영역으로 옮아가게 될 것이다.

독일 내 물질 흐름

1990년대 초 이후 부퍼탈연구소의 슈테판 브링게추와 헬무트 슈츠는 독일 경제의 물리적 기초가 실제 어떠한지를 집중적으로 연구해 왔다. 그리고 그사이 다른 나라의 수많은 동료도 부퍼탈연구소에서 개발한 패턴에 따라 비교 가능한 데이터를 집계해 왔다는 점을 그들도 알게 되었다.

오늘날 그 어떤 경제 시스템도 자원을 자급자족하는 기반 위에 세워질 수 없다. 물질의 거대한 흐름은 천연 원료뿐 아니라 제조 상품의 형태로 모든 국경을 넘나든다. 물질적인 것들은 모두 크든 작든 생태적 배낭을 가지고 모든 국경을 넘나든다.

자연에 의해 결정되는 생태적 한계점에 부합하는 방식으로 경제와 자연 간의 물리적 교류 과정이 모든 경제 영역에서 더 많은 발전을 거두려면, 먼저 국가적이고 지역적인 물질 흐름과 에너지 흐름에 대한 신뢰할 만한 데이터를 찾아내는 것이 실제로 중요하다. 그다음 단계로 국가 경제 각 부문에서 물질과 에너지의 흐름이 어떻게 분배되는지를 분석해야 한다. 이런 정보의 기초 위에서만이, 미래의 목표를 정하는 방식으로 탈물질화를 수행하는 경제정책에 관련해 생태

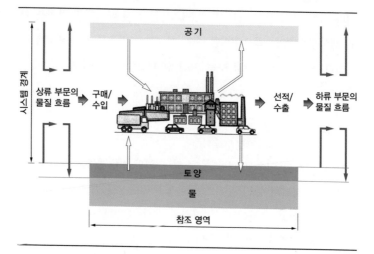

그림 11 경제의 물질 흐름 분석을 위한 기본도(참조 영역)

참조 영역에서 물질 흐름 계정은 자연환경(그림에서 시스템 경계의 위·아래) 및 외부 경제 분야와 물질의 전체 교류('요람에서 무덤까지')를 포함한다. 자원 수입을 참조 영역으로 계산할 때는 상류 부문 물질 흐름의 생태적 배낭을 고려해야 한다.

적으로 타당하고 책임 있는 결정을 할 수 있을 것이다.

독일에서의 물질 흐름의 균형 상태에 대해 먼저 얘기해 보도록 하자. 그림 12는 1991년 독일의 상황을 보여준다.

모두 약 2조 2000억 톤에 달하는 무생물 천연 원료의 수입에서 실제 활용된 물질의 양에 대한 '미사용' 물질(= 생태적 배낭)의 비율은 약 2대 1이다. 이는 66퍼센트의 양이 다른 나라에 잔류했다는 것을 뜻한다. 활용된 양에 대한 비사용 물질의 비율은 국내 공급 천연 원료(물과 공기는 무시)의 경우와 유사하다.

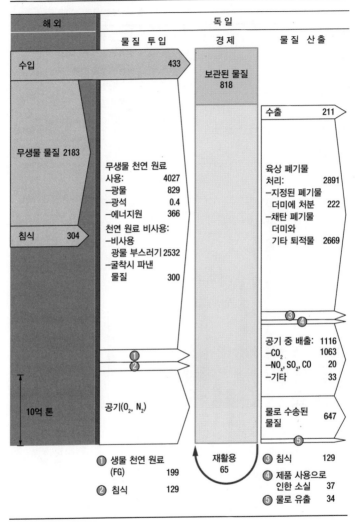

물 질 투 입   경 제   물 질 산 출

수입   433

보관된 물질
818

무생물 물질 2183

무생물 천연 원료
사용: 4027
－광물   829
－광석   0.4
－에너지원   366
천연 원료 비사용:
－비사용
 광물 부스러기 2532
－굴착시 파낸
 물질   300

침식   304

수출   211

육상 폐기물
처리: 2891
－지정된 폐기물
 더미에 처분   222
－채탄 폐기물
 더미와
 기타 퇴적물   2669

③ ④

공기 중 배출: 1116
－CO_2 1063
－NO_x, SO_2, CO 20
－기타   33

①
②

10억 톤

공기(O_2, N_2)

물로 수송된
물질   647

⑤

재활용
65

① 생물 천연 원료
   (FG)   199
② 침식   129

③ 침식   129
④ 제품 사용으로
   인한 소실   37
⑤ 물로 유출   34

그림 12 1991년 독일의 물질 흐름 계정(물 사용 제외, 수입과 수입의 생태적 배낭은 포함,
단위: 100만 톤)

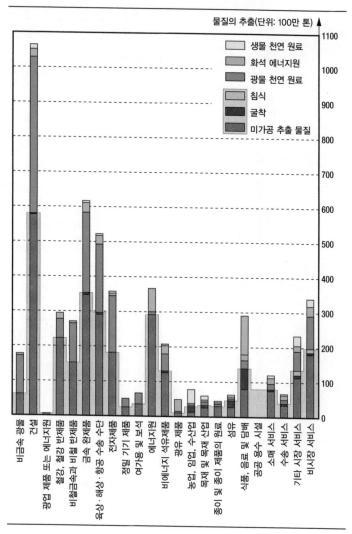

물질의 추출(단위: 100만 톤)

생물 천연 원료
화석 에너지원
광물 천연 원료
침식
굴착
미가공 추출 물질

1100
1000
900
800
700
600
500
400
300
200
100
0

비금속 광물
건설
광업 제품 또는 에너지원
철강, 철강 반제품
비철금속과 비철 반제품
금속 완제품
육상·해상·항공 수송 수단
전자제품
정밀 기기 제품
여가용 보석
에너지원
비에너지 석유제품
광업 제품
농업, 임업, 수산업
목재 및 목재 산업
종이 및 종이 제품의 원료
섬유
식품, 음료 및 담배
공급 용수 시설
소매 서비스
수송 서비스
기타 시장 서비스
비시장 서비스

그림 13 독일의 다양한 경제 부문의 자원 소비 차이

148

생물 천연 원료의 수입에는 현재 수입량의 5배에 달하는 외국 농경지의 토양 침식이 수반되어 있다. 총 2000억 톤의 생물 천연 원료는 독일의 신진대사의 일부, 즉 5퍼센트에도 훨씬 못 미치는 양이었다. 재생 가능한 것으로 독일의 천연 원료 기반의 개편을 고민할 때에는 이러한 현실에 먼저 주목해야 한다.

재활용 물질의 총량은 상대적으로 미미하다. 1991년 640억 톤이던 수치가 그 이후 2배가 되었다 하더라도, 여전히 무생물(비재생) 원료 가운데 회수된 3퍼센트보다 훨씬 적은 수치이다. 이론적으로는, 독일에서 원료의 무생물 신진대사의 최대 35퍼센트가 재활용될 수 있다는 점을 그림 13이 명확하게 보여주고 있다.

독일 경제는 다른 어느 나라 경제와도 마찬가지로, 지구적 차원의 물질과 관련되어 있다. 이는 상당량의 환경적 압력이 다른 나라에서 일어난다는 것을 의미한다. 일국적 수준의 탈물질화를 고려하면서 이런 초국가적 환경 부담을 배제할 수 없다는 점은 분명하다. 그러지 않으면, 한 나라에서 개선되었다고 하더라도, 다른 나라와 지역에서 물질적 흐름이 만들어지는 상황이 쉽게 일어나게 될 것이다. 예를 들어, 알루미늄을 만들어내는 보크사이트라는 물질의 이름은 프랑스 프로방스 지방의 레보Les Baux에서 유래했다. 이름이 유래할 정도로 보크사이트 광석이 많이 산출되는 프랑스는 보크사이트 광석을 다른 나라에서 수입하고 있다. 이런 일은 프로방스 지방에 혜택을 줄 수 있지만, 세계경제를 생태적으로 지속가능하게 만드는 일은 아니다. 앞으로 독일이 석탄 발전 전력의 수입을 늘려간다면, 독일 국내의 물질 흐름의 균형은 개선되어 보일 것이다. 그러나 생태적 관점에서 본다면 상황은 악화될 것이다. 예컨대, 외국에서 석탄을 이용한 전력 생산의 기술적 효율성이 독일에서보다 낮거나 생태적 배낭이 더 무겁다면 말이다.

'경계를 초월한'transboundary 환경 부담에 관한 데이터가 보다 작은 지리적 지역, 예컨대 연방 국가, 도, 군, 읍 등을 단위로 계산된다면 확실히 흥미로울 것이다. 예를 들어, 독일의 노르트라인베스트팔렌 주의 전력 수출이 이 주에 상당한 환경적 압박을 주고 있다는 점은 확실하다.

독일 경제의 다양한 부문에서 나타나는 자원 소비의 차이는 상당히 중요하다. 그림 13은 랄프 베렌스마이어Ralf Behrensmeier와 슈테판 브링게추의 연구 결과를 보여준다.

우리는 독일연방공화국의 공식 통계에 따라 경제 부문을 분류했다. '건설 및 주택' 부문이 큰 차이로 1위를 차지하고 있다. 1인당 연간 약 20톤 정도이다. 이런 이유에서, 우리가 건물의 탈물질화에 관심을 갖고 건축 설계 프로젝트를 추진하는 것이 우연은 아니다. 부퍼탈의 MIPS연구소 건물, 오스트리아 북동부 하(下)오스트리아에 있는 팩터10 연구소rw@grat.at 건물, 또는 2005년 11월 스웨덴 총리의 취임식이 열렸던 3,000제곱미터에 달하는 스웨덴 헬레포르스의 디자인센터www.formenshus.se 가 그 예이다.

어쨌든, 독일이 경제의 물질 투입을 줄여 지속가능성에 접근하려면, 건축과 주택 부문이 특별한 주목을 받을 만하다. 아이러니하게

도 정반대의 일이 벌어지고 있다. 독일 통일 이후 옛 동독 지역의 새 연방주들에선 공공 기금을 투입한 건설 붐이 일었다. 그 결과 수년 뒤에는 거의 100만 채의 아파트가 빈집으로 남았다. 그러자 건설업 계는 건설업의 일자리 안정을 위해 주택 철거에 보조금을 줄 것을 요구했다. 이런 황당하고 미친 아이디어에 대해 경제적 이유에서든 생태적 이유에서든 아무도 반대하는 것 같지 않았다.

단독주택 건축을 지원해 주고, 이들 단독주택에서 통근하는 이들 에게 킬로미터당 세금 감면 혜택을 줄 뿐 아니라 정부 지원으로 공 공 도로를 건설해 줌으로써 전례 없는 도시 팽창이 이루어졌다. 뒤 이은 수십 년 동안 독일 풍경의 외양이 바뀌어왔다. 독일 정부는 전 례 없는 부채를 떠안게 되었다. 오늘날에 이르러서야, 경제적이고 생 태적 측면에서 불합리한 이런 일을 정리하는 작업이 본격적으로 이 루어지고 있다.

독일 식품의 신진대사

지난 세기말, 독일인들의 식량을 위한 물질 처리량은 연간 약 3억 5000만 톤에 달했다.(물 제외) 이는 건축자재 부문의 약 4분의 1에 해당하는 양이다. 식량 신진대사의 투입 측면에서 보면, 수입이 3800만 톤, 독일 내에서 수확되는 바이오매스가 1억 7600만 톤(가 축 건초 포함), 농지 경작과 연관된 침식이 1억 2900만 톤, 식품과 건 초의 호흡을 위해 필요한 공기 중 산소 2600만 톤이 계산된다. 비재생 자원의 투입은 상대적으로 적은 편이다. 연간 약 100만 톤 정도인 재활용 물질의 몫은 실제로 거의 무시해도 될 정도이다.

식품 부문에서 지속가능한 발전에 관련해 다음과 같은 조처가 고려되어야 한다.

`

- 국내적으로 침식을 줄이고 방지하는 조처를 취해야 한다. 땅을 갈아엎지 않는 현대적 농법은 토양의 유실을 막을 수 있다. 정부는 보다 효과적인 침식 방지를 위해 일정 기간 동안 금융 인센티브를 제공할 것을 고려해야 한다. 지구적 수준에서 침식에 따른 결과적 비용은 약 1조 2000억 유로로 추산된다.(Meyers and Kent, 2001 참조)

- 식품으로 생산된 바이오매스를 보다 효율적으로 이용한다. 특히 채식주의 식단으로 인한 육류 소비 감소는 지각 있는 선택이 될 것이다. 또한, 사용되지 않거나 재사용되지 않는 식품의 생산과 소비에서 나온 쓰레기를 제한할 수 있다. 예컨대, 쓰레기를 돼지·오리·닭의 사료로 이용할 뿐 아니라 기술적으로 유용한 제품을 생산함으로써 가능하다.(예, 하(下)오스트리아의 생푈텐 인근의 팩터10 연구소처럼 짚을 단연재로 사용하기. Schmidt-Bleek, 2004 참조)

- 양분이 풍부한 부산물(예, 하수 슬러지)은 농지로 환원을 확대한다.

- 침식 및 물 집약적인 제품에 대한 수입세를 인상한다.(가능하다면, 생산국들이 물 소비와 침식을 제한하는 조처를 도입한다는 조건 아래 이들 국가에게 늘어난 만큼 수익을 돌려주는 것을 포함한다.)

- 농업 부문과 농산품의 물질 효율성 제고를 목표로 농업 보조금의 구조와 내용을 재검토한다. 2000년 경제협력발전기구 회원국들의 농업 보조금은 연간 약 3000억 유로로 집계되었다.(같은 기간 제3세계 농업 발전 대책에는 300억 유로를 약간 상회한 액수가 투입된 것으로 추산된다.)

- 식품(과 산업 제품) 수송의 실제 비용에 접근하기 위해, 공개 혹은 은폐된 보조금과 관련된 수송 비용을 재점검한다. 이를 통해, 식품 생산의 각 단계를 거치는 동안 자주 언급한, 유럽을 가로지르는 다중 수송에 제한을 가할 수 있을 것이다. 우리는 요구르트를 만들기 위해 재료를 한 장소에 끌어모으는 데 3,500킬로미터 이상의 도로 수송이 필요하다는 슈테파니 뵈게Stefanie Boege 박사의 유명한 요구르트 용기 분석 실험(1993년)을 기억할 것이다. 2000년 경제협력발전기구 회원국들이 도로 수송에 지급한 보조금은 모두 약 9억 유로에 달했다. 이는 미국 도로 수송 보조금의 약 60퍼센트에 해당한다.

시장을 거쳐 소비자의 식탁에 오르는 형태의 식품뿐 아니라 식품 소비를 위한 준비도 많은 기술을 사용하지 않고서는 더 이상 상상할 수도 없다. 이는 아주 작은 양인 경우를 제외하고, 즉 버섯이나 딸기, 야생 멧돼지같이 직접 생태계에서 채집하거나 사냥할 수 있는 것을 제외하고 모든 식품에 적용된다. 그러나 오벨릭스(Obelix, 로마 제국과 싸우는 켈트족 전사들의 이야기를 다룬 프랑스의 유명 만화 『아스테릭스』에 등장하는 주인공—옮긴이)의 로마제국과는 달리, 오늘날

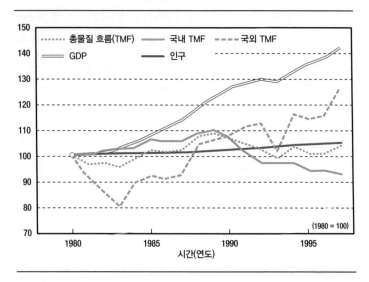

그림 14 유럽연합 15개국(EU-15)의 국내총생산(GDP)은 증가했지만, 천연자원의 총소비, 총물질 흐름(TMF)은 수입 증가에 따른 비용 증가에도 불구하고 대략 일정한 것으로 나타났다.

에는 야생 멧돼지도 정교한 기술을 이용해 도살되고 가죽이 벗겨진 후 냉동·건조·수송된다.

유럽연합 내 물질 흐름

물질 흐름의 결과로 발생하는 환경적 압력의 잠재력을 측정하고, 이로부터 경제의 탈물질화를 위한 결론을 도출하고자 한다면, 물질 소비의 추세를 파악하는 일이 중요하다. 그림 14는 1980년대 이

EU-15		유럽연합 국가와 비유럽연합 국가	
오스트리아	1099	노르웨이	485
벨기에/룩셈부르크	692	불가리아	76
덴마크	957	키프로스	418
핀란드	535	체코	163
프랑스	1200	에스토니아	57
독일	1126	헝가리	329
그리스	578	라트비아	72
아일랜드	724	리투아니아	109
이탈리아	1079	몰타	697
네덜란드	889	폴란드	238
포르투갈	583	루마니아	128
스페인	709	슬로바키아	199
스웨덴	896	슬로베니아	500
영국	1083	터키	328
EU-15 평균	1152	평균	226

표 4 유럽 국가들은 물질 사용의 효율성(자원 생산성)에서 큰 차이를 보여준다.
가입 국가와 미래의 잠재적 회원국들은 EU-15의 수준에 도달하기 위해 자국의 생산성을 평균 5
배 증가시켜야 한다.

래 유럽연합 15개국EU-15에서 이루어진 물질 소비의 중요한 추세
를 보여준다. 총물질 흐름TMF▪은 이 기간 동안 크게 변하지 않았
다. 즉 매출의 화폐단위당 물질 투입은 경제 발전GDP과 크게 탈동
조화decoupled되었다. 그러나 자원의 원산지가 다른 나라로 옮아간
것이 두드러져 보인다.

팩터10에 의한 탈물질화의 목표와 비교해, 경제 발전의 탈동조화

는 여전히 충분한 수준과 거리가 멀다. 이들 국가에서 GDP와 관련한 기생체의 경제적 정보(경제적 대차대조표상의 근본 수치)는 개선되었지만, 불행하게도 숙주인 생태계는 혜택을 보지 못하고 있다.

발전도상국에서 1인당 자원 추출의 절대량은 계속해서 급속하게 늘고 있다. 그렇다면 유럽국가에서 자원 생산성을 다시 한 번 살펴보도록 하자. 표 4는 유럽연합 15개국뿐 아니라 유럽연합의 새로운 회원국과 다른 나라들의 국가적 물질 생산성의 현재 수준을 비교해 보여준다. 한 나라의 생산성은 직접적인 물질 투입에 대한 국내총생산의 비율GDP/DMI로 정해진다. DMI는 국가적으로 추출한 자원의 총량에 수입량을 더한 것이다.(생태적 배낭은 제외)

한눈에 봐도, 이들 국가 사이에 20배(독일/에스토니아)까지 차이가 난다. 유럽이 생태적 지속가능성, 그래서 경제적 지속가능성의 사례로서 역할을 하려 한다면, 이런 엄청난 차이는 조만간 협상의 중심 과제가 되어야 한다.

세계경제의 물질 흐름

자급자족적 자원을 기반으로 세워진 경제 지역은 없다. 천연 원료, 물질 상품, 그리고 식품 형태로 막대한 물질적 흐름이 모든 국경을 넘나든다. 앞서 언급한 대로, 이 모든 물질적 상품은 크든 작든 생태적 배낭과 함께 국경을 넘나든다.

총물질 흐름을 인구와 관련지어 보면, 생태적 성과에 따라 지역과 국가를 서로 비교해 볼 수 있는 한 가지 지표가 있을 수 있다. 표 5는 유럽연합 회원국과 다른 나라들의 물질적 신진대사를 비교한 것이다.

포르투갈과 영국, 그리고 일본은 미국과 독일, 그리고 핀란드와 비교했을 때 자원 소비량이 절반밖에 안 된다. 이 점만으로도 자원 소비가 물질적 번영과 동일한 것이 아니라는 점을 경제 전문가들은 확신할 수 있을 것이다.

핀란드 경제는 금속 및 원료에 크게 의존하고 있다는 점이 특징이다. 이는 다양한 기능을 가진 휴대전화와 임업용 중기계 등 핀란드 수출 산업이 특별한 강점을 지니고 있다는 증거이다. 독일에서 화석 에너지원의 높은 비율도 눈에 띈다. 이는 발전 시설의 전력 구성에서 생산 전력당 물질 투입MI/kWh 수치가 높은 요인이 되고 있다.

여기에서 제시한 데이터를 보면, 화석 에너지원(TMF의 10~41퍼센트), 금속, 광물, 상부 퇴적물, 바이오매스(TMF의 2~15퍼센트) 그리고 침식(TMF의 3~26퍼센트) 등 여섯 가지 자원 흐름이 이들 국가와 EU-15(네덜란드 제외)에서 1인당 총물질 투입의 90퍼센트 이상을 차지하고 있음을 알 수 있다.

	독일	일본	미국	EU-15	네덜란드	핀란드	영국	포르투갈	중국
연도	1999	1994	1994	1997	1993	1999	1999	1997	1996
DMI (1인당 톤)	22	16	25	19	28	45	16	14	2
TMR (1인당 톤)	71	45	85	51	67	98	41	32	37
TMF 중의 비율									
비재생	90	94	93	88	90	79	85	90	98
타국으로부터 자원	38	56	7	39	72	47	92	23	1
미사용 국내 자원	39	22	67	30	10	17	27	38	92
TMF 중의 비율									
화석 에너지원	41	28	37	29	22	10	33	40	22
금속	20	20	11	20	4	27	21	10 } 20	17
광물	19	21	12	24	11	25	19		
상부 퇴적물	5	21	15	6	10	8	8	7	48
바이오매스	10	6	7	12	10	21	15	10	2
침식	5	3	15	9	26	3	3	10	11
기타	1	1	2	1	17	5	1	0	1

표 5 유럽연합 및 각국의 물질 사용(생태적 배낭 포함)

인구 문제와 자원 소비

오늘날 세계 인구 규모와 1년에 8000만 명이라는 증가 속도는 지구적 차원에서 지속가능한 목표를 달성하는 데 매우 심각한 장애물이 되고 있다.

세계 인구의 숫자 자체보다 더 결정적인 것은 세계 인구 각 계층의 물질과 에너지, 그리고 토지의 1인당 소비이다. 세계 인구 가운데 단지 약 20퍼센트(부자)가 소비하는 비재생 천연자원만도 오늘날 생태적으로 지속가능한 수준을 넘어선다. 독일인 한 명이 비재생 자원을 1년에 평균 70톤을 소비한다. 반면, 베트남인 한 명은 1년에 3~4톤만으로 살아가야 한다.

오늘날 모든 형태의 경제발전은 천연자원의 1인당 소비 증가로 나타난다. 이 증가세는 '가족' 단위로 사는 사람들에 비해 1인당 2배에서 4배의 천연자원을 소비하는 독신자의 수가 늘면서 가속화하고 있다.

기후 변화로 인해 예상되는 해수면 상승 문제도 있다. 해안 지역에 건축된 구조물이 대규모로 피해를 입는다면, 엄청난 양의 건축자재가 추가적으로 필요해질 것이다.

지금까지 계산된 선진국의 자원 소비 수치(한 국가의 자원 추출에다가, 수입과 수입에 따른 생태적 배낭을 더하고, 수출과 수출에 따른 생태적 배낭을 제외한 값)를 내보고, 앞으로 수십 년 동안 전 세계 모든 나라가 이 수치에 도달한다고 가정해 보자. 전체 인구는 90억 명이 될 것으로 예상된다. 최악의 경우, 지구는 현재와 비교해 자원(물, 공기 제외) 산출의 양을 5배까지 늘려야 할 것이다. 자원 소비의 생태적 결과 이미 오늘날에도 너무 많은 비용을 치르고 있고, 따라서 천연자원 소비를 절반 정도로 줄여나가야 한다. 이런 식의 계산도 우리에게 팩터10에 대한 지침을 제공해 준다.

이 모든 이유 때문에, 천연자원 생산성을 급격하게 증가시키는 일이 인구 문제 해결과 관련해서도 최우선순위가 되어야 한다.

부메랑 효과

상품과 서비스의 탈물질화는 지속가능한 목표를 이루기 위해 필수적인 전제 조건이다. 그러나 유일한 전제 조건은 결코 아니다. 예를 들어, 팩터5로 탈물질화된 옷 한 벌의 생태적 우위는 다섯 벌의 옷이 시장에 나간다면 상쇄된다. 생태적으로 우수한 차량을 소유했더라도 이전보다 더 많은 연간 거리를 운행한다면, 높은 기동성으로 인한 생태적 우위는 찔끔찔끔 낭비될 수 있다.

다시 말하면, 한쪽에서 가공 과정과 상품 및 서비스 수준에서 자원 생산성을 성공적으로 높였다고 해도, 다른 한쪽에서 생태계가 지는 총 부담의 변화와는 직접적인 관련이 없다는 이야기이다.

생태적 관점에서 보면, 지구적인 자원 소비가 새천년이 시작할 때에 비해서 미래에 크게 줄어들 것인가의 여부가 중요하다. 한 경제권에서 미시적 수준에서 달성된 효율성의 증가분이 총 소비의 증가로 상실되는 것을 부메랑 효과 또는 반동 효과rebound effect라고 한다. 부메랑 효과는 한 경제권에서 총 자원 흐름을 정기적으로 측정해야 감지될 수 있다. 오직 경제의 거시적 수준에서 조처해야만 부메랑 효과를 줄이고 방지할 수 있다. 여기에서 정부가 중심 역할을 해야 한다.

지속가능한 세계무역?

1995년 1월 세계무역기구WTO가 GATT(관세 및 무역에 관한 일반 협정)의 뒤를 이어 출범했다. 전 세계 100개국 이상이 상품의 국제 교역을 관장하는 공동 규칙에 합의했다.

세계무역기구는 독립적으로 행동하고 제재를 가할 수 있기 때문에 강력한 기구가 되었다. 이는 국경을 넘는 무역에서 개방적 시장 접근과 비차별 문제에 주도적으로 관여하고 있다. 세계경제의 지속 가능성에 관한 문제 및 특히 국가 간 교역의 생태적 결과에 관한 문제에 의해 실제로 전혀 제한받지 않는 교역을 추구한다. 하지만 세계무역기구 협정 전문은 1995년 출범 이래 지속가능한 발전 목표와 조화를 이루고 환경을 보호하기 위해 천연자원 이용이 중요함을 지적하고 있다.

세계무역기구는 유엔의 후원 또는 통제 아래 행동하지 않는다. 유엔이 근거하고 있는 기반은 지구적으로 가장 보편적이고 법적으로 보호받는 이익으로 간주되는 인권 규범에 대한 회원국의 약속이다. 이와 대조적으로, 세계무역기구는 인권을 언급하지 않는다. 유엔헌장 103조는 "이 헌장상의 유엔 회원국의 의무와 다른 국제 협정상의 의무가 상충하는 경우에는 이 헌장상의 의무가 우선한다"고 명시하고 있다.

내가 아는 한, 국경 없는 무역은 기본적인 인권도 아니고, 하나의 행성인 지구에서 삶의 지속가능성에 대한 전제 조건도 아니다. 시장

경제에서 교역은 의심할 바 없이 중요하지만, 가능한 한 빨리 그리고 경제사회 생태의 모든 차원에서 지속가능성의 기본적 요구가 경제보다 우위에 서게 되기를 희망한다.

5 지구를 위한 결과

때묻지 않고 손상받지 않은 위대한 어머니 지구는 자신만의 자연법칙에 통제를 받고 자신만의 의지에만 복종한다. 어머니 지구가 튀어오를 때 대공동 great void이 생겨났다. 위대한 어머니 지구는 다산의 다양성 속에 생명의 창조와 유지에서 기쁨을 취한다. 그러나 약탈적 지배 권력에 의해 수탈되고, 자원을 강탈당하고, 제지받지 않는 오염으로 황폐해지고, 과잉과 부패로 더럽혀지더라도, 창조하고 유지하는 어머니 지구의 다산 능력은 원상회복될 수 있다. 파괴적인 정복으로 메말라지고, 지구의 위대한 생산적 다산성이 소진되더라도, 마지막 아이러니는 여전히 위대한 지구의 것이 될 것이다.

— 진 마리 아울* Jean M. Auel,
『통과의 대평원』 *The Plains Of Passage*(1990)

경제와 생태계의 복잡성

이솝 우화 가운데, 아무 이유 없이 도와달라고 여러 번 소리쳤던 그리스의 양치기 소년에 대한 이야기가 있다. 결국 늑대의 공격으로 정작 도움이 필요할 때는 아무도 양치기 소년을 도와주러 오지 않았다. 지난 35년 동안 선의의 환경보호주의자들은 자주 그리고 크게 늑대가 왔다고 외쳐댔다. 일반인들, 누구보다도 모든 산업계와 정부가 환경 문제의 종류와 범위, 가능한 결과와 비용 예측에 대해 어느 정도 회의적인 생각을 갖게 된 것도 이 때문이다.

생태계는 모든 것이 서로 동시에 의존하고 있는 대단히 복잡한 거미줄과 같다. 그런 이유에서 모든 상호 관계를 밝혀내기란 불가능하다. 과학에서는 이런 형태의 망을 비선형적인 복잡망이라고 일컫는다. 이는 다음과 같은 뜻이다. 이 복잡망 속에서 작은 간섭이 작은 반응을 일으킨다고 해서, 약간 큰 간섭이 약간 큰 반응을 반드시 유발한다는 의미는 아니다. 두 번째 반응은 대개 다르고 보다 심각한 것일 수 있다. 시스템이 복잡할수록 스트레스에 대한 반응을 예측하기란 더욱더 어렵다.

이런 복잡망 속에서 모든 상호 관계를 파악하기란 불가능하다. 생태계에 대한 인간의 간섭은 유형과 규모도 알 수 없고 때로 일어나는 장소조차 알려지지 않은, 몇 번인지도 모를 반응의 원인이 된다.

그렇다고 인류가 뒤로 한발 물러서서 신중한 거리에서 자연의 경이를 관찰해야 한다는 것을 암시하려는 뜻은 아니다. 우리는 이런

---

* 아울은 『지구의 어린이들』 연작 등 어린이 모험 소설을 주로 쓴 미국의 인기 아동 작가이다. 『통과의 대평원』은 그의 네 번째 연작으로 대평원을 통과하는 원시 소년소녀들의 모험을 다루고 있다. ─옮긴이

생태계의 한가운데에 살고 있고, 끊임없이 생태계를 변화시키고, 앞으로도 계속 그럴 것이다. 그러나 의도하든 그렇지 않든 간에, 대규모의 변화 또는 심지어는 지구적 변화를 야기하는 기술적 수단을 사용하는 것은 행성 지구와 우리 자신을 포함한 모든 생명체를 어설프게 다루는 일종의 생체 실험experiment in vivo 이다.

분석을 통해 믿을 만한 예측을 할 수 있을 정도로 복잡계를 이해할 수 없다는 사실을 깨닫게 되면서, 20세기 자연과학은 충격을 받았다. 미국 록펠러대학 교수였던 물리학자 하인츠 파겔스Heinz Pagels, 1939~1988는 자신의 책 『이성의 꿈』The Dreams of Reason 에서 "과학은 소우주microcosm와 대우주macrocosm를 연구해 왔다. 가장 큰 미지의 것은 복잡성이다"라고 언급했다.

복잡망의 부분들의 특징을 고립된 요소들로 간주할 경우 그것들은 별 의미를 갖지 못한다. 이들 특징은 전체 시스템의 맥락에서만 이해할 수 있고, 우리가 양적 중요성을 파악하기 위해서는 큰 그림이 필요하다. 따라서 전체는 부분의 총합으로 설명할 수 있다는 프랑스 철학자 르네 데카르트의 개념은, 400년 이상 타당한 개념으로 간주되어 왔지만, 잘못된 것으로 입증되었다. 우리가 고립된 부분을 잘 이해한다 하더라도, 이들 부분이 전체로서 결합되는 순간 전체로서만 이해할 수 있고, 자체로 부분에 영향을 끼치는 뭔가 새로운 것이 출현한다. 시스템이 작은 조각들, 이론적 또는 물리적, 정치적 또는는 제도적인 것으로 분리된다면, 각 부분의 특징은 사라진다.

생태계는 복잡성을 띠고 있고, 기술에 의해 야기된 배기가스와 자원 소비에 관해 지구적 수준에서 얻을 수 있는 데이터는 아주 불확실하다. 이런 상태에 비춰 본다면, 인간 활동의 생태적 결과의 유형과 위치, 범위, 위험에 대한 진술에 대해 과학계가 의견의 일치를 보기까지 통상 어려움을 겪게 된다는 것도 놀랄 일은 아닐 것이다. 예를 들어, 유황이 포함된 화석연료를 연소하는 과정에서 이산화황이 배출되는 것처럼, 20년 전에는 기술적으로 분쇄된 광물에서 거의 똑같은 양의 이산화황이 나온다고 추측했다. 공기나 물속의 산소가 분쇄된 광물에 영향을 끼친다는 이유에서였다. 그러나 환경에서 이산화황의 모든 경로를 세세하게 추적할 수 없기 때문에, 그 결과적 영향의 많은 부분은 아직도 밝혀지지 않았다.

세계 경제의 현재 구조가 행성 지구에 과도한 부담을 지우고 있다는 점은 논란의 여지가 없다. 이런 논지를 뒷받침할 증거는 충분하다. 예를 들어, 심해 어업이 거의 재앙적으로 몰락했고, 삼림 지역은 줄어들고, 사막은 넓어지고 있다. 2005년 이후, 프랑스 프로방스 지방의 산비탈에 있는 오래된 성벽들은 물에 젖은 토사의 무게를 이기지 못해 밑으로 흘러내리고 있다. 표토의 침식은 끊임없이 증가하고 있다. 많은 지역에서 지하수 수위가 위험 수준으로 낮아지고 있고, 빙모 ice caps 와 빙하는 녹고 있다. 아랄 해는 바닥을 드러내고 있다. 과거의 대하천도 더 이상 물을 흘려 보내지 못하고 있다.

미국 텍사스주립대학 오스틴캠퍼스의 카밀 파머산 Camille Parmesan 교수는 나비와 다른 동물들이 북쪽으로 이동하는 것을 지난 수년 동안 추적해 왔다. 태곳적 이래로 동식물의 지리적 이동이 특이한 일은 아니었다. 하지만 오늘날 넓은 습지가 경제적으로 이용되면서 동식물이 다른 곳으로 이동하는 것이 어렵게 되었다. 지구를 정복하려는 인류의 조급증 때문에, 동물과 식물의 진화와 적응도 불가능하게 되었다. 인류도 때가 되기 전에 행성 지구의 생물권으로부터 휴가를 떠나야 될지 두고 볼 일이다.

우리 행동의 생태적 결과를 과학적으로 예측하기가 통상적으로 어려운 또 다른 이유는, 자연적인 발전과 인공적인 발전이 중첩된다는 점이다. 예를 들어, 자연재해에 대한 예측 분석이 바로 그런 경우이다. 기후에 영향을 끼치는 이산화탄소CO_2 와 메탄CH_4 같은 기체는 자연적으로 대량 배출된다. 그렇기 때문에, 기후를 연구하려면, 기술계로부터의 배출이 기후에 미치는 결과를 계산하면서 자연적인 기체 배출도 고려해야 한다.

과학자들이 기후 변화에 관해 토론을 하면서 때로 모순된 발언을 하거나 어떤 불확실성을 지적하곤 한다는 것을 우리 역시 잘 알고 있다. 그래서 경제활동이 환경에 끼치는 영향에 관한 심각한 언론 보도도 흔히 '과학자들의 추정'이나 '전문가 대다수가 동의하는' 등의 방식으로 전달된다. 이 점은 과학계의 결점에 대한 증거가 아니라, 오히려 과학적 지식의 자연스러운 한계를 그대로 보여주는 것이다.

따라서 압도적인 다수가 어떤 발견에 동의한다고 하더라도 그런 의견에 동의하지 않는 사람은 항상 존재한다는 사실에 독자들은 놀라지 말아야 한다. 한편으로, 이런 주장은 동의하지 않는 나머지 의견을 존중하기 위해서도 중요하다. 또한, 이는 젊은 연구자들이 관심을 끌어모으는 데 있어 적당한 방식일 수도 있다. 일부 연구자는 그런 반대 의견들 위에서 자신의 경력을 쌓아올리기도 한다.

하지만, 내가 보기에는 앞서 언급한 이유 때문에, 정치인들이 불완전한 과학적 지식을 갖고서라도 결정을 내려야지 다른 도리가 없다는 점이 특히 중요한 것 같다. 과학계가 아직도 문제를 최종적으로 해결하지 못했다는 이유를 내세워 정책 결정자들이 행동하기를 통상적으로 거부하는 것보다 나를 화나게 하는 일은 없다. 특히 현재의 대안적 선택이 의심할 바 없이 예방적 성격의 것일 경우에 그렇다. 이들 선택이 민주적 과정을 거쳐 결정되었고, 많은 비용을 들이지 않고도 기존의 구조와 통합할 수 있는데도 말이다.

덧붙여 말하자면, 오늘날에도 기후 변화에 대한 예측은 독일 최고의 여섯 개 경제 연구소가 향후 몇 년간 독일의 경제 발전에 대해 내린 예측보다도 정확하다. 생태 변화와, 그 변화가 유럽의 경제 발전에 끼칠 가능한 결과에 대해 더 나은 정보를 얻기 위해서는 재정 상태가 탄탄한 지속가능성 연구소를 많이 설립해야 할 것이다.

허리케인으로 인한 참화

오늘날까지도, 2005년 발생했던 모든 허리케인들이 우리의 자원 집약적 생활방식 때문에 일어났다고 정색하고 주장하는 사람은 없다. 하지만 마찬가지로, 허리케인의 발생 빈도와 강도가 인류가 이룩한 발전과 연계되어 있다는 점을 진지하게 의심하는 사람도 없다.

어떻든 간에 '자연재해'는 지난 40년 동안 4배나 늘었다.

이 점을 염두에 두고, '자연재해'의 경제적·사회적 결과를 한층 잘 이해하기 위하여, 2005년 8월 말 미국 남부 미시시피 주와 루이지애나 주를 강타했던 괴물 허리케인 카트리나가 광범위하게 남긴 결과를 상기해 보도록 하자.

사전 경보가 발령되고 며칠이 지난 후에, 카트리나는 루이지애나 주와 미시시피 주의 많은 지역을 폐허로 만들었다. 영국의 국토 면적만 한 넓은 지역에 피해가 발생했으며, 먼 내륙 지역까지 간접적인 영향이 미쳤다. 처음 며칠 동안은 총체적인 혼란과 무력감이 압도하는 상황이었다. 4년 전 뉴욕의 세계무역센터 쌍둥이 빌딩이 테러 공격에 의해 붕괴된 이후 미국에서는 많은 비용을 들여 광범위한 재난 대응 시스템을 수립했지만, 또 이러한 재난이 일어났던 것이다. 카트리나는 대통령 조지 부시의 업무 능력에 대한 대중의 지지도가 현저하게 떨어진 이유 가운데 하나가 되었다. 피해 지역의 가난한 사람들이 피난처로 충분히 대피할 수 없었기 때문에 흑백 간의 갈등도 다시 불거졌다.

카트리나가 휩쓸고 간 지 일주일 뒤, 수천 명의 사망자가 발생한 것으로 공식 추산되었다. 이전의 거주 지역은 수주 동안 보트로밖에 접근할 수 없었다. 특히 100만 명 이상이 살았던 뉴올리언스 도심 지역이 특히 심했다. 대부분 흑인이었던 잔류자들에게 물과 전기 공급도 끊어졌다. 미국 정부는 500억 달러(독일 연방 예산의 약 17퍼센트에 해당) 이상을 초기 긴급 자금으로 첫 10일 동안 사용 가능하도록 배정했다. 총 재건 비용은 최소 2000억 달러로 추산되었다. 재건에 얼마나 시간이 걸릴지는 재난이 발생하고 수개월이 지난 뒤에도 추산할 수 없을 정도였다.

카트리나는 상품 시장에 광범위한 영향을 끼쳤다. 예를 들어, 뉴올리언스 항구에 있던 창고들이 파괴되어 커피값이 10퍼센트 상승했다. 목재 가격은 카트리나 강타 직후 일주일 동안에 17퍼센트 올랐다. 미국 곡물 수출의 절반 이상이 뉴올리언스 항구를 통해 이뤄졌기 때문에, 곡물 가격에도 상당한 영향이 예상되었다. 잠재적인 경제적 영향으로 달러 가치가 약화되었고, 금값을 포함해 금속 가격이 폭등했다. 금값은 그 이후로 지속적으로 오르고 있다. 구리 가격은 2005년 9월 2일 톤당 3,725달러로 최고치를 기록했다. 유럽에서 미국까지 유조선의 화물요율은 카트리나가 발생한 지 일주일 만에 60퍼센트나 상승했다.

카트리나는 에너지 부문에 가장 심각한 영향을 끼쳤다. 석유와 석유 제품, 천연가스의 가격은 기록적인 수준에 도달했고, 그 이후에도 안정되지 못했다. 석유 가격은 배럴당 70달러 이상으로 상승했다. 도이체방크에 따르면, 연료비가 현재 미국 내 가처분소득의 약 5퍼센트까지 늘어나, 저소득 가정에 상당히 높은 부담을 안겨 주었다. 그 이후 개인의 구매 결정과 자동차 이용에서 두드러진 변화가 일어나면서, 미국 내 시장에서 자동차 제조업체들이 상당한 불안정성을 겪는 요인으로 작용했다. 2006년 6월 28일 《헤럴드 트리뷴》은 "미국에 스마트의 시간이 도래했다"라는 제목의 1면 머리기사를 실었다. 다임러크라이슬러가 2008년 미국 시장에서 소형차를 판매할 계획이라는 내용의 기사였다.

석유 회사들은 소비자들과는 반대였다. 그동안 시추 시설과 정유 시설이 허리케인으로 심각한 피해를 입었지만, 카트리나 이후 전례 없는 흑자를 기록했다. 아마도 카트리나 이후 첫 주 동안에 천연가스 선물 거래가 20퍼센트 늘어난 것이 에너지 시장에서 가장 중요한 영향이었을 것이다. 원유나 연료와 달리, 천연가스는 다른 나라와 비상 비축량을 공유할 수도 없다.

카트리나 이후 만 2주 만에 허리케인 리타가 같은 지역을 또 한 차례 강타했다. 카트리나 때보다 피해 지역은 적었지만, 뉴올리언스는 또다시 물에 잠겼고, 수백만 명이 다시 내륙 쪽으로 대피해야 했다.

조기 경보

과거 35년 동안, 기술이 인간 삶에 초래한 치명적인 위험들은 아주 초기 단계에서부터 인식되어 왔다. 기후 변화는 분명 가장 잘 알려진 사례 가운데 하나이다. 기후 변화를 발견한 연혁은 19세기 중반으로 거슬러 올라간다. 그러나 기후 변화의 가능한 범위와 영향에 대해 전문가들 사이에 광범위한 합의가 이루어진 것은 고작 10년도 안 되었다. 독일 킬 대학 라이프니츠해양과학연구소의 해양기상학자인 모집 라티프Mojib Latif 교수가 지속가능성 시리즈의 『기후 변화,

돌이킬 수 없는가』에서 기후 변화의 전체 역사를 다뤘기 때문에, 나는 여기에서 기후 변화 주제에 대해 더 이상 다루지 않을 생각이다.

초기에 인식된 또 다른 잠재적 위협은 위험한 태양 방사선으로부터 지구를 보호하는 지구 오존층이 합성 물질인 염화불화탄소프레온,CFC에 의해 파괴된다는 것이었다. 수십 년 동안 사람들은 프레온가스의 화학적 비활성을 신뢰해 이로 인한 환경 위협 가능성을 배제했더랬다. 1970년대 초, 미국 캘리포니아 주립대학 어바인캠퍼스의 프랭크 셔우드 롤런드Frank Sherwood Rowland 교수가 자신의 실험실에서 전적으로 다른 이유로 실험을 하다가 우연히 한 현상을 접하게 되었는데, 후일 그는 이 현상을 훌륭하게 해석함으로써 노벨화학상까지 받았다. 그사이, 프레온가스는 세계적으로 사용을 제한받았고, 관찰 결과들은 오존층의 구멍이 줄어들고 있음을 시사했다.

효과적인 대응책에 대한 국제적인 합의는, 설사 몇 년 늦더라도, 무엇보다도 인간의 건강이 직접 영향을 받고 있다는 사실에 기초해야 한다는 게 내가 받은 인상이다. 예를 들어, 오스트레일리아에서 피부암 발병률이 높다는 근거 등을 들 수 있다. 또한 프레온가스를 금지함으로써 발생하는 생산의 손실분은 환경에 덜 해로운 다른 화학물질로 보상을 받을 수 있을 것이다.

심각한 결과를 유럽에 가져다줄 또 다른 상황이 급박하게 다가오고 있는 것 같다. 멕시코만류가 약화될 수도 있고, 북쪽으로 흐르는 현재의 흐름이 완전히 차단될 수도 있다. 태곳적부터 멕시코만류는 멕시코 만에서 북극해로 따뜻한 물을 이동시켜 왔다. 온기를 전해

준 뒤 가라앉아 차가운 심해수로 다시 돌아간다. 온도 변화에 의해 유발되어 가라앉는 힘이 멕시코만류의 실제 원동력이다. '온기의 컨베이어 벨트'라고 할 수 있는 멕시코만류가 옛날 여러 차례 정지 상태를 경험한 적이 있다는 확실한 징후가 있다. 최근 측정한 바로는, 과거 10년 동안 멕시코만류의 세력이 30퍼센트 정도 약화되었다.

'온기의 컨베이어 벨트'는 유럽 북서부에 상대적으로 온화한 기후를 가져다준다. 예를 들어, 암스테르담은 캐나다의 뉴펀들랜드 섬 북단과 같은 위도상에 있지만, 뉴펀들랜드와 비교해 기후가 온화하다. 최신 측정된 결과가 항구적인 조건을 예시하는 것이라고 한다면, 북서 유럽은 평균 1℃의 기온 하강을 생각해야 할 것으로 보인다. 멕시코만류가 계속 세력을 잃는다면, 그 결과는 보다 불유쾌한 일이 될 것이고 비용이 보다 많이 들어가게 될 것이다.

멕시코만류의 가열 능력이 소멸하고 있다는 가설의 근거가 지구 온난화라는 점은 흥미롭다. 기온 상승으로 인해 그린란드의 얼음 덩어리들이 녹고 있고, 북극에 가까운 강들은 보다 많은 물을 흘려보내고 있다. 이런 식으로 염도가 엄청난 양의 물이 멕시코만류에 혼입되면서 멕시코만류는 더 낮게 가라앉게 된다. 담수는 그곳에 도달한 멕시코만류의 찬 소금물보다 훨씬 더 밀도가 낮기 때문이다. 두 물이 섞이면서 '가라앉는 원동력'의 힘이 줄어들고, 그 결과 멕시코만류의 순환 사이클은 약화될 수 있다.

회의론자들은 새로운 측정 결과들이 단지 몇 년 동안만의 멕시코만류 약화를 시사할 뿐이라고 주장할 것이다. 그러나 측정된 결과는 오늘날의 과학 수준에서 아주 확실하다. 측정 결과들은 과거의 안정적인 상황으로부터 확실하게 벗어났음을 보여준다. 이 때문에 포르투갈, 스페인, 프랑스, 베네룩스 3국, 아일랜드, 영국, 독일 그리고 스칸디나비아 반도의 서부 지역들이 이런 상황을 면밀히 추적하고, 자국의 국민과 경제를 위한 지속가능한 해결책을 모색하기 위해 상당한 노력을 기울이고 있다.

전 세계에 식량을 공급하는 문제도 합리적인 우려를 하게 만드는 또 다른 요인이다. 세계의 인구는 1년에 약 8000만 명씩 증가하고 있고, 1인당 약 0.5헥타르의 땅이 추가로 필요하다. (독일의 경우 1인당 약 0.45헥타르만 이용 가능하지만, 식량 수입을 위해 다른 나라의 상당한 토지를 이용하고 있는 상황이다.) 현재, 우리는 작물에 포함된 에너지 형태로 돌려받는 것보다 약 5배 이상의 에너지를 식량 생산에 투자하고 있다. 말하자면, 우리는 오늘날 식물들이 포획하는 태양에너지의 수확에 화석연료로 보조금을 주고 있는 격이다. 화석연료는 수억 년 전에 다른 식물들이 포획해 '동결시킨' 에너지이다. 이런 방식이 세계 인구를 먹여 살리는 지속가능한 방식이 아닌 것은 확실하다.

필리핀의 국제쌀연구소 과학자들과 미국 농무부의 농업 전문가들은 밀과 쌀, 옥수수의 성장 기간 동안 1℃씩 온도가 상승할 때마다 지구의 곡물 수확량은 10퍼센트씩 감소할 것이라고 예측했다. 다른 여러 다양한 환경 변화 역시 식량 생산에 부정적인 영향을 끼친다. 여기에는, 사막의 팽창과 기동성을 위한 토지 면적의 확대(세계적으로 크게 늘어나는 추세이다.), 그리고 침식의 증가와 물 부족 심화 등이 포함된다. 예를 들어, 사막의 팽창은 브라질(현재 사막 면적이 약 6000만 헥타르), 중국(매년 약 36만 헥타르씩 증가), 인도(현재 국토의 3분의 1 또는 약 1억 헥타르가 사막), 나이지리아(매년 약 35만 헥타르씩 증가)에서 볼 수 있다. 중국의 동부와 북부 지역에서 2만 4,000여 개 마을이 잠식해 들어오는 사막 때문에 완전히 버려졌거나 주민의 상당수가 그곳을 떠났다.

유엔환경계획UNEP에 따르면, 사막화의 진전은 전 세계 100개국 이상에서 10억 명이 넘는 주민의 생활 조건에 영향을 주고 있다. 북아메리카와 아프리카의 상황은 특히 위험하다. 그곳에선, 경작이 이뤄지는 건조 지역의 70퍼센트가 사막화로 피해를 입거나 위협을 받고 있다. 그 결과는 농촌 탈출 및 기아와 빈곤으로 이어지고 있다. 유엔환경계획은 사막화의 확대로 인한 전 세계적인 피해 비용이 연간 420억 달러에 달한다고 집계했다.

빈곤은 사막화의 결과일 뿐 아니라 가장 중요한 원인 중의 하나이다. 토양에서 너무 많은 것이 추출되고, 삼림은 장작용으로 잘려나 갔다. 토양에 과다하게 비료를 주었고, 가축들 또한 지나치게 많이 사육되었다. 가뭄도 이 끔찍한 상황을 악화시켰다. 전문가들은 매년 비옥한 토양 250톤이 침식으로 유실되고 있다고 추산했다.

1950년 이래로, 지구상의 자동차 대수는 그 이전의 10배인 5억 대 이상으로 증가했고, 이 가운데 80퍼센트는 선진국에서 운행되고 있다. 미국에서 자동차 한 대를 굴리는 데 0.07헥타르가 필요하

다. 1년에 200만 대가 추가로 늘어나면 매년 14만 헥타르의 토지가
더 필요하다. 현재도 미국에서 1600만 헥타르의 토지가 자동차 이
용에 사용되고 있다. 참고로, 2004년 미국의 밀 경작지는 총면적이
2100만 헥타르였다.

세계 인구의 약 절반을 차지하는 중국·인도·인도네시아·방글라
데시·파키스탄·이란·이집트·멕시코가 유럽, 일본이나 북아메리카
대륙과 같은 자동차 밀도를 유지하려 한다면, 이는 상당량의 경작지
를 잃지 않고선 불가능할 것이다.

세계 농지의 약 5퍼센트가 바람과 물에 의한 침식으로 심각한 위
협을 받고 있다. 침식의 통제는 대부분 가능하다. 그러나 침식의 영
향을 받는 대부분의 국가에서는 여기에 필요한 실질적인 금융 수
단을 구할 수 없다. 전 세계적으로 연간 경작지 손실은 약 13만 헥
타르(독일 자를란트 주 면적의 절반 크기)로 추산된다. 또한, 예상되
는 해수면 상승은 식량 생산을 위한 토지의 이용 가능성을 제한할
수도 있다. 예를 들어 방글라데시에서 해수면 상승이 결정적 요인
이 되고 있다. 동시에, 경제적 목적으로 사용되는 토지가 장마철 홍
수로 피해를 입는 일도 전 세계 많은 지역에서 눈에 띄게 자주 일어
나고 있다. 여기에는 많은 이유가 있다. 산간 지역에서는 1℃ 미만의
작은 기온 변화만으로도 적설량이 줄고 대신에 강우량이 늘어나는
결과가 일어난다. 이는 또한 물의 장기적 저장량이 줄어들고, 눈과
빙하가 녹은 물이 서서히 흘러나온다는 것을 의미한다. 토양의 강수
량 보수 능력이 감소하면서 그 영향은 증폭된다. 농업과 임업에 사

용된 중기계가 토양을 다져놨고, 벌목 작업이 대규모로 이루어진 탓이다.

인간은 하루에 약 4리터의 마실 물이 필요하다. 그러나 우리 한 명이 하루에 필요로 하는 식량을 생산하기 위해서는 그 물의 500배가 필요하다. 평균적으로, 곡물 1톤을 생산하는 데 물 1,000톤이 필요하다. 옛 소련과 미국의 대규모 면화 재배 지역에서, 면화 1킬로그램을 생산하는 데 30톤 이상의 물이 소비되었다.

전 지구적으로, 물에 대한 추가 수요와 지속가능한 공급 사이의 격차는 날이 갈수록 점점 벌어지고 있다. 도시 지역과 산업 부문에서 늘어나는 물 수요에 맞서 농업 부문이 보다 많은 물을 주장할 수 있는 재정적 위상을 갖는 곳은 세계 어디에도 없다. 이 문제는 농업 부문에 보다 많은 보조금을 지급한다고 해도 해결할 수 없다. 특히 농업 분야에서는, '완전 비용 가격 방식'(full-cost pricing, 제 경비에 일정한 이윤을 더하는 가격 결정 방식―옮긴이)이 지속가능한 틀의 조건에 접근하는 데 매우 중요할 것이다.

표 6은 1700년 이후 세계적인 담수 사용량이 주요 영역에서 엄청나게 늘어났음을 보여준다. 지난 세기의 마지막 10년간 물 사용량은 아시아가 60퍼센트, 북아메리카가 18퍼센트, 유럽이 13퍼센트, 아프리카가 6퍼센트를 차지했다. 오늘날 사람들은 1700년 무렵의 선조들보다 평균 5.5배나 많은 물을 사용하고 있다.

많은 지역에서 더 이상 지표수를 식량 생산에 이용할 수 없게 되고, 아시아의 일부 대하천이 더 이상 물을 거의 흘려보내지 않게 되

연도	총 물 사용량(km³)	인구(100만 명)	농업(%)	산업(%)	도시(%)
1700	110	700	90	2	8
1800	243	1000	90	3	7
1900	580	1600	90	6	3
1950	1360	2500	83	13	4
1970	2590	3500	72	22	5
1990	4130	5300	66	24	8
2000*	5190	6000	64	25	9

표 6 1700년 이래 세계적인 물 사용량, 세계 인구의 증가 및 농업, 산업, 도시 부문의 물 사용 백분율 * 추정치

면서, 점점 더 많은 지하수를 뽑아 쓰고 있다. 세계 인구의 절반 이상이 있는 국가들에서, 우물물 사용이 대수층(aquifer, 지하수의 저수지—옮긴이)의 자연적인 재생량을 초과하고 있다. 미국에서는 중서부 넓은 지역에 퍼져 있는 오갈라라Ogallala 대수층의 고갈이 우려되고 있는 상황이다. 중국 북부에서는 지하 수위가 매년 3~4미터씩 내려가고 있다. 이는 중국이 지난 몇 년간 쌀 순수입국으로 전락한 결정적인 요인이다. 인도 대부분의 주에서도 지하 수위가 낮아지고 있고, 특히 펀자브 주와 하리아나 주의 주요 농업 지역은 상황이 심각하다. 이런 이유에서, 인도는 매년 1800만 명씩 늘어나는 인구를 먹여 살리는 데 어려움을 겪고 있다. 이스라엘과 팔레스타인, 예멘과 이란, 사우디아라비아뿐 아니라 멕시코도 지하수 문제가 심각한 국가군에 속한다.

물 부족이 석유 매장량의 감소보다 훨씬 더 심각하게 경제에

영향을 끼친다고 보는 과학자들이 점점 늘고 있다. 월드워치연구소Worldwatch Institute의 창설자이자 소장인 농업경제학자 레스터 브라운Lester Brown은 "석유는 대체물이 있지만, 물은 대체물이 없다. 인류는 600만 년 동안 석유 없이도 살았다. 그러나 물이 없다면, 우리는 며칠 만에 끝장이 날 것이다"라고 말했다.

식량 공급과 관련해 점증하는 문제점의 성격을 간략하게 살펴봤다. 물질의 생산성뿐 아니라 물과 토지의 생산성이 결정적으로 개선되어야 한다는 점은 분명해졌다.

교토의정서: 미래로 가는 길?

혹시 이런 경험을 해본 적이 있는가? 사나흘 밤을 잠을 자지 않고 일해 죽도록 피곤한 지경이다. 오만 가지 이익을 대변하고 오만 가지 목표를 추구하는 전 세계에서 온 그렇고 그런 공식적인 로비스트들에 둘러싸이고 수백 명의 기자들에게 끊임없이 쫓겨다니는 상황에 처해 있는, 한 강국의 대표라고 가정해 보자. 오래전에 탈진해 버린 상태이다. 중요한 사안을 최소한 약간만이라도 진전시키기 위해 타협에 나설 태세가 되어 있다. 가능하면 미국 쪽을 자극하지 않으려고 노심초사한다. 수십 가지 모국어를 사용하는 여러 나라 대표와 어설픈 동맹을 구축하기 위해 문구 작성을 도와주는 영어 구사력이 뛰어난 동료에 의지한다. 결국 중요한 모든 것은 영어로 문서화되는 것이기 때문이다. 그리고 몇 번의 좌절을 겪고, 수도 없이 커피를 마셔대고 끝없이 백병전의 야식을 먹어댄 후에야, 결국 받아들일 만한 의정서를 성공적으로 입안해 냈다는 상쾌한 기분이 갑자기 찾아오게 된다. 이 순간은 어떤 방식으로든 한몫을 해냈다는 데 대해 자부심을 느끼는 순간일 것이다. 또 최고로 어려운 상황에서 정당한 대의를 위해 애썼다는 점에 자부심을 느낄 수 있다. 우리 쪽의 주요 관심사가 합리적으로 표현된 한두 문구에 관여했다는 데 대해서도 그럴 것이다. 그리고 단어를 놓고 다투면서 먼 나라에서 온 새로운 친구들과 함께했기 때문에 행복해하면서 자축의 잔을 기울인다. 하지만 모든 것을 그렇게 어렵게 만들었던 '고집 센' 국가의 대표에게는 여전히 화가 나 있다. 산고 끝에 승리의 순간을 맞은 것이다. 응당 서로 축하해 줄 만한 일이다. 이 순간 먼 고국 땅에서 담당 장관이 카메라 앞에 서서 협상에 성공했다는 발표를 하게 된다. 이 모습이 텔레비전을 통해 생중계된다. 그러나 처음 축하 인사를 나누는 동안에도, 보이는 것처럼 경천동지할 만한 일은 아닐 수도 있다는 느낌을 여전히 지울 수 없을 것이다.

교토의정서가 서명된 지 거의 10년이 지난 2005년, 200여 개국과 지역에서 1만 명이 넘는 사람들이 기후 변화의 주요 원인으로 확인된 몇 가지 물질의 배출을 몇 퍼센트나 더 감축할 것인지 논의하기 위해 캐나다 몬트리올로 몰려들었다. 여기에서 무슨 결과가 도출되었던가? 기후 변화에 영향을 끼치는 온실가스 배출을 1997년 교토에서 합의했던 5퍼센트보다 더 많이 추가로 감축하자는 목표를 두고 계속 협상해 가자는 약속이 나왔다. 미국 대표까지도 관대하게

이 논의에 참여하는 데 동의했다.

결국, 미국은 2001년 이미 자국은 이런 공동의 목표 달성에 참여하지 않겠다고 선언했다. 그리고 중국도 변방에 머물러 있다. 그러나 이 두 나라는 산업으로 인한 전 세계 이산화탄소 총 배출의 40퍼센트 이상을 차지하고 있다. 2001년 조지 부시 미국 대통령은 교토의정서에 따라 배출량을 줄인다면 미국 경제가 파탄날 것이라고 말했다. 이는 일정한 환경 위험을 인정하고 보니 '막판 처리' 조처에 돈이 너무 들어간다는 것을 의도치 않게 깨닫게 된 것일 수도 있다.

독일은 2002년 교토의정서를 비준했다. 이 의정서에서, 많은 선진국은 1990년을 기준년도로 해서 2008~2012년에 자국의 배출량을 대폭 감축하겠다고 구체적 조건을 공약했다. 1997년 교토에서 열린 첫 회의 이전에도, 전 세계 수천 명의 과학자 가운데 압도적인 다수가 기후와 관련된 온실가스의 세계적 배출량을 최소 60퍼센트 감축해야만 감내가 가능한 수준에서 기후 변화를 안정화시킬 수 있을 것이라고 경고해 왔다. 미 국방부의 최근 연구도 같은 의견이다. 포괄적인 경제구조의 변화 없이는 이 목표를 달성할 수 없다는 것이다. 그러나 각국의 경제구조 혁신은 환경 장관들이 협상 권한을 부여받을 수 있는 주제가 아니다.

교토회의를 위한 준비가 1997년 시작된 이래 긴 시간이 흘렀다. 교토회의는 예측 가능한 시간 안에 기후 관련 배출량을 결정적으로 감축하기 위한 회의였다. 그 이후 실제 달성도를 척도로 삼는다면, 환경적으로 필요한 배출량 감축이 합의되고 검증 가능한 방식으로 집계되기까지 100년은 지나야 할 것이다. 기후 관련 물질을 배출하는 문제의 상당 부분은 자연히 해결될 것이라고 상정하는 데는 근거가 있는지도 모른다. 화석연료가 점점 고갈되기 때문이다. 일부 전문가들은 현재 예측 가능한 추세의 사회적·경제적 결과가 극히 부정적이라고 보고 있다.

지금까지의 모든 논의에도 불구하고, 독자들은 눈을 비비며 어리둥절해하면서 물을지도 모른다. 경제의 산출 부분에서 배출량을 줄이기 위해 투입 부분에서 혁신적 기술을 사용하지 않는 이유는 무엇인가? 특히 이 부분이 기술적으로 가능하고 경제적으로도 의미가 있으며, 동시에 실업과 국가 채무 문제의 상당한 요소도 관리할 수 있다는 것을 우리가 알고 있는데 말이다.

'우리 공동의 미래'라는 이름으로 30년 전에 나온 브룬틀란 보고서 Brundtland Report, 1987 는 인류에게 미래가 있는 미래를 확보하기 위한 역사적 돌파구였다. 그 이후 우리는 경제가 생태계의 가드레일을 벗어난다면 스스로 파멸하게 될 것이라는 교훈을 배웠다. 자연의 법칙을 심각하게 받아들이지 않는 경제는 스스로를 파괴하게 될 것이다.

지속가능한 해법?

사회적·경제적·생태적 우려를 동시에 고려하고 여기에 똑같은 중요성을 부여할 때에만 지속가능성을 향한 성공적인 발걸음이 가능하다. 이는 유엔 브룬틀란위원회가 교토에서 기후 변화에 관한 첫 회의가 열리기 10년도 전에 선언한 것이다. 1992년 리우데자네이루에서 개최된 유엔환경발전회의(리우회의)는 모든 국가가 이를 공식 확인하는 자리였다. 그러나 지금까지 이 문제에 대한 책임을 맡고 있는 유엔 내의 조직은 하나도 없다. 유엔의 단위 조직들은 부여된 권한의 틀 안에서 모두 서로 독립적으로 자체의 특정 이익을 위해 다투고 있다. 2005년 12월 홍콩에서 열린 제6차 세계무역기구WTO 각료급 회의는 세계무역을 가능한 한 원활하게 하는 주제에만 전적으로 매달렸다. 천연자원 소비 문제는 완전히 논의에서 배제되었다.

브뤼셀의 유럽연합집행위원회나 독일, 프랑스 등 크고 작은 유럽 국가들에도 지속가능성에 대해 정치적으로 책임을 지고 필요한 것을 강제할 수단을 가진 기관이나 제도가 없다.

미국의 CNN 방송은 미국과 많은 동맹국이 테러와의 전쟁에 집중하고 있다는 점을 매시간 우리에게 상기시켜 주었다. 이라크전에 쏟아부은 천연자원만으로도 10억 명을 위한 주택을 건설하기에 충분했을 것이다. 그러나 미국은 공동의 생태계 보호를 거부하면서도 이라크전을 위해선 모든 국가의 연대를 끊임없이 요구했다. 아마도, 오늘날 많은 사람이 미국의 과도한 자원 소비를 다른 나라들에 사는 수십억 명의 물질적·감정적 복지에 대한 공격으로 간주하고 있다는 점을 미국인들은 깨달아야 할 것이다. 그러나 자연 소비로 인한 세계적 결과에 대해 심각하게 생각해야 할 나라가 미국만은 아니다.

대규모 국제회의라는 세계적 행사는 전통적 수단(각료의 전통적인 권한)으로 개별적이고 독립된 사안을 해결할 수 있고, 그렇게 할 시간이 많다는 희망에 의지하고 있는 것처럼 보인다. 일단 우리가 전 지구적인 사회적·생태적·재정적·경제적 문제에 대한 해법을 병렬적으로 풀어낸다면(이는 희망 사항인 것 같지만), 우리는 이것을 조화롭게 엮어낼 수 있을 것으로 보인다. 그러나 이 희망은 헛된 것이다. 한마디로, 이는 역사적 경험에도 부합하지 않는다. 개별적인 대응 조처 수단만으로는 경제의 근본적 오류를 치유하는 게 시스템적으로 불가능하다는 사실을 간과하고 있는 것이다.

6 서비스와 그 효용

사람이 제공하는 서비스에 대해 이야기할 때면, 우리는 그 서비스의 의미를 금방 알아챈다. 누구나 서비스 부문에 속해 있는 많은 직업군의 이름을 댈 수 있다. 누구나 독일철도청의 서비스를 이용한다. 일자리를 위협하는 기계들, 예컨대 자동 출납기 같은 기계가 제공하는 서비스가 점점 늘고 있다. 침대·옷·주택뿐 아니라 충분한 음식과 같은 몇 가지 기본적인 생활필수품을 제외한다면, 우리는 실제로 서비스만을 필요로 한다.

그러나 서비스의 개념은 인간과 기술에 국한된 것이 아니다. 자연도 서비스를 제공한다. 예를 들어, 태양은 빛나고, 꿀벌은 꽃의 가루받이를 한다. 공기는 자체 정화되고, 영양분은 토양에서 재생된다. 우리가 이미 봐온 대로, 우리가 알고 있는 삶은 자연의 서비스 없이는 불가능하다. 자연의 서비스가 갖는 특별한 장점이 전혀 값을 지불하지 않는다는 데 있다면, 특별한 단점은 우리의 경제 시스템에 영향을 받는다는 점이다.

앞으로, 우리는 서비스 그 자체와 서비스가 각각 제공하는 효용에 대해 생각해 볼 것이다. 마지막으로, 우리가 생태적으로 실용적인 효용을 발견할 수 있는 방법과 장소, 그리고 미래의 기술이 그런 효용을 제공할 수 있는 방법에 대해서도 살펴볼 것이다.

실제 서비스

일반적으로, 우리는 서비스가 청소부나 작업장, 대중교통, 금융이나 경영 컨설팅 회사, 간호사, 또는 미용사의 업무라고 생각한다. 즉 누군가가 다른 사람을 위해 수행하는 업무라고 여긴다. 이러한 개념을 따른다면, 서비스는 우리의 손으로 잡을 수 있는 물질적 대상의 생산이 아니라 오히려 조력이나 상담 또는 조직이 목적인 모든 종류의 업무를 목표로 한다.

이는 적어도 서비스에 대해 얘기하는 전통적 방식이다. 고전적 정의에 따르면, 기술계의 서비스는 무형의 재화이다. 그러나 서비스를 생산하기 위해 장비와 기계를 이용할 수 있어야 비로소 이들 무형의 재화가 실제로 존재할 수 있고, 또 실제로 분명히 이용될 수 있다. 결국, 자전거나 비행기, 개썰매를 이용할 수 있어야만 여행이 가능하다. 램프와 침대, 따뜻한 방, 그리고 책이 있어야만 할머니가 손자에게 잠자리 이야기를 읽어줄 수 있다.

모든 면에서, 산업 제품은 실제로 사용될 때만 필요하다. 제품을 사용한다는 것은 제품이나 서비스 능력에서 효용을 얻는다는 것을 의미한다. 실제로 사람들이 구입하는 것은 제품이 아니라 서비스 기계이다. 이는 전자레인지나 소파, 자동차, 전화기 또는 냉장고, 그리고 샤워기도 마찬가지이다.

즉 서비스는 기존의 서비스 기계에 의존하고, 기계를 사용하는 동안에 종종 에너지를 소비한다. 에너지 공급이 없고 인프라와 건물, 수많은 다른 기계와 장비가 없다면, 서비스 부문도 존재할 수 없다. 현대사회는 다양한 종류의 서비스와 높은 품질의 서비스를 특징으로 한다. 서비스는 시계처럼 작동하는 네트워크에 의존한다.

재화와 설비를 이용한다는 것은 이들이 제공하는 서비스를 이용한다는 것을 뜻한다. 사람들이 얻을 수 있는 삶의 질은 이용 가능한 서비스의 종류와 품질에 달려 있다는 이야기가 여기에서 나온다. 사회적 시장경제(social market economy, 사회보장제도의 틀 안에서 행해지는 자유 시장경제—옮긴이)에서는, 아프거나 가난한 사람도 음식과 서비스에 접근할 수 있다.

서비스를 즐기기 위해 반드시 해당 제품을 소유해야만 하는 것은 아니다. 나는 이 책 앞부분에서 이 점을 지적한 바 있다. 예를 들어, 다음번 휴가를 위해 비행기를 구입하는 사람은 아주 극소수에 불과할 것이다. 그러나 일상생활에서 전기드릴은 그다지 쓰임새가 많지 않지만, 이것을 크리스마스 선물로 주고받는 일은 그다지 드문 일이 아니다. 독일인 열다섯 명 가운데 한 명이 전기드릴을 소유하고 있다고 가정한다면, 고품질의 원료 1만 톤이 전기드릴 속에 동결되는 것이고, 전기드릴이 소매점에 도달하기 이전에 그 20배 이상이 되는 환경이 소비되었다는 이야기이다.

우리는 서비스 기계를 빌리거나 렌트할 수도 있다. 또는 서비스 기계를 사용해 우리의 필요를 채워주는 사람에게 그 대가로 돈을 지불할 수도 있다. 그러나 어떤 물건의 서비스를 즐기기 위해 그 물건을 소유할 필요가 없다는 사실이, 우리가 소유한 물건으로부터 만족이나 행복, 그리고 기쁨을 이끌어내지 못한다는 것을 의미하지는 않는다. 적어도 나는 나 자신의 침대와 식탁을 소유하는 것이 매우 중요하다고 생각한다. 그러나 고압 청소기나 스키 장비, 자동차의 경우는 상황이 다르다.

우리가 소유하고 있는 수많은 산업 제품을 세밀하게 살펴보자. 금융적 관점과 다른 관점에서 볼 때 아주 얼빠진 물질적 사치를 스스로에게 허용했다는 점을 발견하고 스스로에게 놀랄 것이다. 혼자 사는 한 핀란드 여성은 7,000개가 넘는 물건을 소유하고 있다는 사실을 깨닫게 되었다. 이 여성은 적어도 일주일에 한 번, 또는 1년에 한 번 사용하거나 즐기는지, 아니면 실제로 한번도 사용하지 않는지에 따라 이들 물건을 목록별로 분류한 뒤 자신의 소유물의 절반 이상을 폐기 처분하고, 자신의 작은 아파트에서 훨씬 더 넓은 공간을 즐기며 살고 있다.

기업들조차 자신들이 제공하는 서비스를 '상품'이라고 부르는 탓에, 서비스 개념에 대해 혼동을 가중시킨다. 예컨대 모든 투자를 종합적으로 관리해 주겠다는 은행의 제안이나, '모든 게 다 포함된' 휴가 패키지가 바로 그렇다. 당장 업무와 개인적 필요를 위해 '열', '냉기', '조명'이라는 상품을 구매할 수도 있다. 어떠한 산업 제품도 그것들을 제조하거나 사용하는 데 투입으로서 서비스를 필요로 하지 않는 것은 매물로 나오지 않는다. 수명이 긴 산업 제품의 경우 서비스 투입의 부분이 생산 단계에서 사용 단계로 옮아간다.

사치품과 자원

보석, 향수, 패션 의류, 그림, 그리고 악기도 만족과 행복, 기쁨을 주는 데 도움이 된다. 그래서 이들 제품을 사용함으로써 서비스와 효용을 얻는다. 이들 제품이 진짜 소유하고 싶은 열망 가운데 몇 번째를 차지하는지, 또는 이들 제품을 사용함으로써 양질의 삶을 영위할 수 있는지의 여부는 이 책에서 우리의 관심사가 아니다.

생태적 관점에서 예를 들어보자. 회화 작품은 '요람에서 무덤까지' 소량의 천연자원만을 필요로 한다는 점이 흥미롭다. 프랑스의 화가 장 미오트Jean Miotte, 1926~ 나 앙리 마티스Henri Matisse, 1869~1954가 그린 중간 크기의 미술 작품의 생태적 배낭은 (금은이 안 들어간) 액자를 포함해 40킬로그램 정도밖에 나가지 않는다. 수백 년 동안 감상자들에게 즐거움을 전해 오면서 그 어떤 추가적인 자원도 거의 필요하지 않았다. 즉 이들 작품의 서비스 단위당 물질 투입MIPS은 극히 미미한 수준에 불과하다.

그 그림의 가격이 40만 유로라고 가정한다면, 그림의 생태적 배낭에 대한 가격의 비율은 중형 자동차의 경우보다 약 2만 배에 달한다. 창조적인 예술가들은 자연 자원의 가치를 높이 평가하고 있음이 분명해 보인다.

다른 사람들에게 인상을 남기는 것이 상당한 존재 이유가 되는 물건도 있다. 예컨대, 롤스로이스 자동차, 모피코트, 경주마, 프랑스 리비에라 해안의 생트로페 항구에 정박한 20미터짜리 요트, 호화 빌라, 또는 독일연방공화국 공로 훈장과 같은 장식이 여기에 포함된다. 그러나 이들 제품 역시 효용을 제공하는지 여부에 대한 결정은 독자들의 몫으로 남겨둔다.

기계가 수행하는 서비스

대중교통 티켓 발매기 때문에 난처한 일을 경험한 적이 있다면, 기계가 사람들을 위한 서비스를 점점 더 많이 직접 제공하고 있다는 사실을 깨닫게 된다. 지금은 한밤중에도 자동 인출기에서 현금을 뽑아 쓸 수 있다. 전 세계적으로 기계가 제공하는 서비스들이 늘어나고 있다. 오늘날 인도네시아 발리 섬에 있는 소도시 우부드의 인터넷 카페에서 인터넷 서핑을 하는 것은 아픈 발에 숙련된 마사지를 받는 것만큼이나 중요한 일이 되었다.

요약해 보자. 첫째, 서비스는 효용이나 필요에 대한 만족을 제공하는, 평가를 기반으로 한 재화의 특징이다. 둘째, 투입으로서 서비스를 필요로 하지 않는 제품은 존재하지 않으며, 제품이 없는 서비

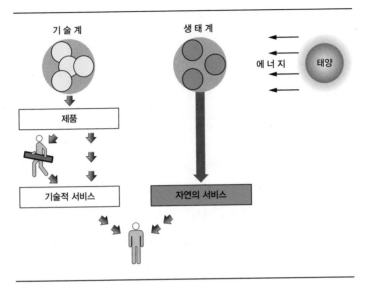

기 술 계   생 태 계   에 너 지   태양

제품

기술적 서비스   자연의 서비스

그림 15 기술계에서, 서비스는 직접 기계에 의해서나, 제품과 인프라, 에너지를 이용하는 사람에 의해서 고객에게 제공된다.

기술계 안에서 서비스는 자연을 소비함으로써만 제공될 수 있다는 점에선 예외가 없다. 반면, 생태계는 인간에게 공짜로 서비스를 제공한다. 자연의 이런 서비스가 없다면 인류는 지구상에서 살아남을 수 없다.

스도 없다. 셋째, 경제에서, 사람을 위한 서비스는 사람이나 기계가 제공한다. 넷째, 자연은 모든 서비스에 대해 가격을 지불한다. 다섯째, 서비스의 생태적 배낭은 사용된 장비와 차량, 건물의 해당 생태적 배낭에다가 이들 장비와 차량, 건물을 이용하는 동안 각각 소비하는 물질과 에너지를 모두 합한 것이다.

여기에서 제시한 '서비스' 개념에서 보면, 제3장에서 MIPS 용어에 관해 설명한 것처럼, 이는 어떤 종류의 제품과 행동의 생태적 관련성에 대한 척도를 정의하고, 서비스를 이용하는 데 작은 발걸음을 내딛는 것이다.

자연의 서비스

이 장의 여기까지 오는 동안, 나는 경제의 일부분이자 기술을 사용해 제공되는 서비스에 대해서만 다루었다. 서비스가 효용과 번영의 길을 열어가는 방법에 대해서도 설명했다. 모든 번영은 인간 발전의 문제라는 인상을 주었을 수도 있다. 그러나 이는 사실이 아니다.

앞 장에서, 자연이 제공하는 서비스('생태계의 서비스' 참조)에 대해서, 그리고 지구상에 살아가는 인간의 생존과 복지를 위해 이들 자연의 서비스가 갖는 중요성에 대해 여러 차례 말했다. 이들 두 유형의 서비스는 서로 무엇이 다른 것일까?

수십억 년에 걸쳐 발전해 온 자연의 서비스가 없었다면, 우리 인간은 결코 진화하지 못했을 것이다. 우리의 생존은 자연의 서비스 기능에 달려 있다. 우리는 경제적 과정의 수단을 이용해 생태계의 서비스에 변화를 줄 수는 있지만, 기술을 이용해 이들 서비스를 증가시키거나 '개선'할 수는 없다. 생태계의 서비스는 분할할 수 없다. 누구도 자신만을 위해 자연의 서비스를 사용할 수도 없고, 다른 사람들이 그만큼 감내해 주지 않는다면 자연의 서비스에 손상을 줄 수도 없다.

간단히 말해, 우리가 기술에 기반한 서비스에 접근하려면 비용이 든다. 기능적으로 개인의 필요에 맞춰 조절되고, 경제적·사회적·기술적 발전을 수단으로 삼아 개선할 수는 있지만, 천연자원이 없다면 상상할 수 없는 일이다. 기술에 기반한 모든 서비스가 필수적인 것은 아니다. 반면 생태계의 서비스는 모두 인간의 삶을 유지하는 데 필요한 것이라는 점에서 예외가 없다. 생태계의 서비스는 공짜로 얻을 수는 있지만 기술적 수단으로 증가시킬 수는 없다. 현명하지 못한 경제적 관리의 결과로 지역적으로나 세계적으로 손상을 입는다. 이 점을 차치하고라도, 정의한 대로 생태계의 서비스는 기계나 인간이 제공하는 것이 아니다.

삶의 효용

인간 삶에서 최고의 효용은 안전하고 품위 있게 만족과 행복과 기쁨을 얻고, 자신의 성취물을 다른 사람과 공유하는 데 있다. 그러나 이들 목적을 추구하는 데에도 비용이 따르기 마련이다. 이 책은 주로 생태계가 부담하는 비용과 관련되어 있다. 이미 살펴본 것처럼, 우리의 미래를 보장하기 위해 이 비용을 가능하면 조금이라도 낮춰야 한다.

육체적·정서적·정신적·물질적 의미에서 자신과 가족들이 평온하게 양질의 삶을 누리는 일은 누구나 가장 자연스럽게 욕구하는 일이다. 그래서 효용의 증가는 삶의 질을 통해 정의된 일종의 발전이라고 할 수 있다.

만족과 행복, 기쁨을 얻기 위해서는 충분한 음식뿐 아니라 물질적 재화 그리고 병원이나 요양원 같은 기관에 대한 접근이 용이해야 한다. 이는 물론 물질적 풍요에 대해 매우 절제하는 사람들에게도 적용된다. 아무도 따뜻한 옷 한 벌 없이, 혹은 지저분한 데서 지붕이나 침대 없이 또는 치과 의사의 진료조차 받지 못하고 살고 싶어 하지 않는다. 따라서 효용은 인간의 욕구를 충족하는 제품의 능력에 대한 측정 기준(척도)이라고 정의할 수 있다.

나는 효용의 생태적 가격을 MIPS라고 부른다. MIPS는 서비스를 제공하기 위한 생태적 측정 기준이라고 생각할 수도 있다. 앞에서 살펴본 것처럼, 서비스가 사람에 의해 제공된다고 하더라도, 이는 현대사회에서 제품을 사용하지 않고서는 불가능하다. 그래서 우리는 여기에서 기술에 기반한 서비스에 대해서도 이야기할 수 있다. 이는 천연 제품의 사용에도 적용된다. 아주 드물게, 천연 제품이 기술적 처리 과정과 포장이나 저장, 수송 없이 가정에 배달되곤 하기 때문이다.

경제적 이유에서 무한 성장이 필요하다고 보는 전통 학설은 이제 두 가지 문제점을 안고 있다. 첫째, 우리의 행성 지구는 물리적 한계가 있기 때문에, 인간의 효용을 위해 생태계의 비용을 끝없이 늘려갈 수 없다. 둘째, 나는 만족과 행복, 기쁨을 배가한다는 것이 무엇인지를 시각화할 만한 상상력을 갖고 있지 못하다.

앞에서 설명한 의미에서 필요로 하는 효용을 얻은 사람들이 사회에 많으면 많을수록, 그 사회를 더욱 고도화한 사회로 여길 수 있다. 이런 방식으로 이해되는 번영은 물질적 자산 이상을 의미한다. 번영은 또한 교육, 의료, 안전, 일, 여가 시간 그리고 환경의 질과 같은 것을 포함한다.

변화하는 가치들?

현재의 생산 사회에서는 제품에 초점이 모아지지만, 서비스를 기반으로 하는 사회에서는 제품이 제공하는 서비스가 관심의 중심이 될 것이다. 즉 경제적 관점에서 비춰본다면, 경제적 가치를 결정하는 것은 제품의 물질적 가치나 물리적 성질이 아니라, 그 제품의 사용 가치나 서비스 가치일 것이다. 이런 이유에서, 기업은 일차적으로 물질적 제품을 파는 것이 아니라 제품의 사용을 팔고 시간 요소의 도움을 받아 금융적 이익을 달성하는 것이 매우 수지맞는 일일 수 있다. 세련된 스포츠카는 더 이상 팔리지 않을 수도 있겠지만, 아마도 스포츠카 운전 서비스나 과시용 서비스가 팔리게 될 것이다.

이런 맥락에서, 오스트리아 포어아를베르크 Vorarlberg에 있는 엔더라는 회사는 크고 작은 고객에게 에어컨 기술의 사용을 판매해 성공을 거두었다. 물론, 이를 위해서는 우리 소비자들이 소유권보다 결과에 더 많이 의지하는 물질적 재화와의 관계를 발전시킬 필요가 있다. 여기에는 반대로, 기업주도 익숙하지 않은 시스템 전환의 위험을 떠안아야 한다. 그리고 마지막으로, 중소기업에 대한 대출도 현금 흐름의 패턴이 과거와는 달라졌다는 사실에 적응할 것을 전제해야 한다.

수요 측면에서, 지난 세기 중반 이래로 정치권과 업계는 물질적 재화의 소유에 대한 선호를 확실히 장려해 왔다. 이런 사실을 인식하기 위해 보슈, 지멘스, 토요타, 또는 주택 융자 은행의 광고나, 세법이 허용하는 공제 조항을 한번 살펴볼 필요가 있다. 전기드릴, 식기세척기, 자동차, 주택 등을 소유하거나, 어떤 사람에게는 요트를 소유하는 것이 무조건 바람직한 것일 수 있다. 많은 경우에 실제 소유주가 은행이 된다 하더라도 말이다.

원하는 때는 언제나 즐겨 사용할 수 있고, 일정을 잡는 게 훨씬 간편하고 편리하기 때문에, 사람들이 서비스 기계의 소유를 선호하는 것을 나는 봐왔다. 거기에 더해서, 서비스 단위당 비용에 대한 인식이 너무 부족하기 때문에, 자기 소유의 장비를 사용하는 비용과 서비스 비용 사이의 실질적 비교를 한다는 것 자체가 어렵다. 이 점은, 소비자만이 아니고 기업조차도 서비스 제공자들이 제공하는 서비스를 최대한 활용하지 못하는 이유 중 하나인 것 같다.

효용에 초점을 맞추면 미래가 있는 미래를 창출하는 데 도움이 된다

MIPS를 논의할 때 봐왔던 것처럼, 제품 및 서비스 효용에 초점을 맞추면 지속가능한 번영을 창출하는 새로운 방향을 잡는 데 도움이

된다. 예컨대 제품이나 서비스 효용에 초점을 맞춘다면, 가치뿐 아니라 우선순위에 대한 경제적 개념을 바꾸는 데 유용할 것이다. 즉 성장(효용 증대)에 새로운 의미를 부여하고, 물건을 소유하는 대신에 효용에 초점을 맞추는 지속가능성의 길을 모색하는 데 유용하다. 작업과 공정의 모델과, 도시 계획과 개발 원조의 모델, 그리고 사회에서 함께 살아가기 위한 모델이 모두 새롭게 개발될 수 있을 것이고, 소량의 자원을 사용하는 새로운 제품과 서비스를 디자인할 수 있을 것이다. '서비스 사회'로의 이행을 용이하게 하면서, 지속가능성으로 향한 소비 패턴을 유도할 수도 있을 것이다. 마지막으로, 지구상에 사는 인류의 미래를 보장하는 데 기여할 수 있는 전략이 개발되어, 유럽에서 먼저 실행에 옮겨진 뒤 전 세계로 퍼져나갈 수 있을 것이라는 점이 또한 못지않게 중요하다.

생태적 효용의 추구

팩터10/MIPS 개념은 소비가 물질 집약적이기 때문에 강압적으로 소비를 제한하거나 심지어 소비를 금할 것을 요구하지 않는다. 오히려 긍정적인 접근을 한다. 서비스가 필요한 곳에 상당히 적은 물질 소비로 적절한 서비스를 제공할 가능성을 추구하라고 요구한다.

우리는 수요와 공급 측면 모두에서, 서비스의 생태적 비용에 영향을 끼칠 수 있다. 예를 들어, 휴가지를 찾는 사람들은 비행기를 타고 미국 플로리다로 가는 것보다 독일의 프란코니아(바이에른 북서부)의

농장에 머무는 것을 선호할 수 있다. 아니면, 사흘 연속으로 한 호텔 욕실에서 같은 수건을 사용할 수도 있다. 공급 측면에서, 여행사나 호텔은 자기들의 사업 운영과 휴가를 즐기는 고객들 모두를 위해 가능한 한 자원 효율적인 제품과 장비, 그리고 시설을 선택할 수 있다. 그리고 병원 운영자들은 입원 환자보다 외래 환자에게 서비스를 제공할 수 있다.

다음과 같은 규칙을 테스트해 보자. 다음번에 구매하고 싶은 물건이 있다면, 우리의 의도를 꼼꼼히 따져보도록 하자. 정확히 어떤 서비스를 원하고, 그 서비스가 얼마나 필요한지, 그리고 언제 얼마나 오랫동안 그 서비스가 제공되길 원하는지 등을 말이다.

이것들을 엄밀히 해보기 위해, 우리에게 현재 기동성을 위한 서비스를 제공하는 기계(자동차)를 실제 교통수단 또는 가족의 기동성에 대한 필요와 비교해 보자. 자동차의 최대 성능과 우리의 필요, 그리고 우선 교통 사정이 허락하는 것 사이에 차이가 얼마나 될까? 우리가 자동차를 몰고 출근하거나, 담배를 사러 가거나 시속 180킬로미터로 치과 의사에게 마지막으로 간 적이 언제 있는가? 도시에서 최대 속도는 시속 10~50킬로미터이다. 실제 평균 속도는 20킬로미터도 안 되고, 때로는 시속 10킬로미터도 안 된다. 자동차에 다섯 명이 함께 타는 일이 얼마나 자주 있는가? 자동차는 본래 기대한 일, 즉 사람이나 물건 수송을 하루에 몇 시간이나 하는가? 차량 보험과 책임 보험, 차고에 대한 비용은 하루 24시간 발생한다. 그리고 길거리에 주차한다면, 우리는 세금 제도를 통해 스스로 보조금을 내는 꼴이 된다. 결국 도로에는 많은 비용이 들어간다. 우리가 1킬로미터를 운전하는 데 드는 실제 비용은 얼마나 될까? 60유로센트? 80유로센트? 어쨌든, 우리의 계산에 높은 자원 집약적인 인프라를 포함하지 않더라도 킬로미터당 300그램 이상의 환경을 소비한다.

제로 소유권 옵션, 즉 차가 필요할 때 렌트 또는 리스를 하거나, 택시를 이용하는 것이 이익이 될까? 그렇다면, 우리는 두 명이 타는 시티카 또는 주말과 휴가를 보내기 위한 가족용 중형 세단 중에서 선택할 수도 있다. 지금처럼 절반만 운전할 경우, 차를 신용으로 구매하지 않는다고 가정한다면, 운전사가 있는 택시가 아마도 가장 저렴할 것이다.

그러나 우리의 기동성 요구를 충족해 줄 일단bundle의 서비스들이 오늘날 제공되고 있는가? 아마도 아닐 것이다. 적어도 적정한 가격에 제공되고 있지는 않다. 그럼, '왜 안 되는 걸까'라는 의문이 들게 된다. 시장경제는 새로운 서비스를 제안함으로써 그런 수요를 만족시켜 주어야 하지 않을까?

최상의 선택

이 책 앞부분에서, 우리는 높은 자원 생산성으로 생산·수송·거래·저장·사용되는 제품의 도움을 받아야지만 생태적 효용을 증가시킬 수 있다고 배웠다. 따라서 생태적 소비의 목표는 특정 기능을 완수하거나 특정한 필요를 만족시키는 생태적으로나 경제적으로 가장 효율적인 방법을 모색하는 것이다. 식량과 관련하여 살펴보면, 독성 물질에 의한 오염 말고도, 자원 효율성과 침식의 강도가 중요한 역할을 한다.

높은 자원 생산성과 금융상의 절약은 신중하고 절도 있는 행동의 특징이다. 잔디밭을 돌보는 경우, 꽃과 나비, 그리고 곤충의 생물 다양성을 보존하는 것도 중요한 일이다. 내 생각으로는, 금지하고 요구하는 것만이 자원 절약의 바람직한 대책은 아니다. 이런 조처는 시행하는 데 많은 비용이 들 뿐 아니라 의사 결정의 자유를 제약하고 자립심을 약화시킨다. 이 책에서 이미 봐왔듯이, 생태적으로 현실적인 가격이라는 수단을 통해 자원 절약을 유도해야 한다. 나는 항상 이 점을 지지해 왔다. 줄곧 법적 수단들을 개발해 온 나 자신이 상세한 정부 규제나 계획경제를 크게 신뢰하는 쪽은 아니었다.

어려운 선택

평균적인 소비자가 서비스 제공 기계의 생태적 가격 정보(비싼지 싼지 여부)를 어떻게 알 수 있을까? MIPS 개념에 따른 정보를 아직은 일상적으로 접할 수 없고, 기존의 가격 표시는 실제로 크게 도움이 되지 않는다. 어떠한 경우에도, 재화와 서비스의 구매나 사용에 대해 생태적으로 합리적인 결정을 내리는 일은 실제로 불가능하지 않다고 하더라도 아주 어려울 것이다. 그럼에도 생태적으로 더 나은 대안을 찾는 데 도움을 줄 만한 질문 목록을 만들어보도록 하자.

조금 전에 우리는 그중 몇 가지 질문을 접한 바 있고, 의식적이든 그렇지 않든 간에 다른 질문들을 오랫동안 생각해 왔다.

앞서 강조했던 것처럼, 첫째, 우리가 원하는 '일단의 서비스'가 어떤 것인지를 알아야 하고, 둘째, 우리가 실제로 필요한 것이 무엇이고, 그것이 언제 얼마나 오랫동안 얼마나 많이 필요한가에 대해 스스로 해명할 필요가 있다.

다음 목록에서 '좋은 것' the good 이라는 용어는 신제품에서 꽃이나 주택에 이르기까지 우리의 손 안에서 효용을 제공해 줄 어떤 것을 의미할 수 있다.

좋은 것을 사용할 때 얼마나 많은 물질을 소비하는가? 이는 연료, 세제, 윤활유, 세척제, 물과 같은 것들이 해당된다. 좋은 것들은 사용하는 동안 얼마나 많은 전력을 소비하는가? 무엇이 보증되고, 실제 기대 수명은 얼마나 될까? 좋은 것은 크기가 얼마나 될까? 무게는 얼마나 될까? 차지하는 면적은 얼마나 될까? 충분한 성능을 보유한 좀 더 작은 모델을 구할 수는 없을까? 내 손에 들어오기까지 어떤 수송 수단을 이용해 얼마나 먼 거리를 이동해 왔을까? 포장은 적절한가? 포장지를 재사용할 수는 없을까? 어떤 금속이 들어 있고, 각각 얼마나 될까? 부품들은 재활용할 수 있을까?

이들 질문은 가장 중요할뿐더러 아마도 답을 내기에 아주 어려울 것이다. 일반적으로 소매상이나 소비자는 좋은 것이 무슨 물질로 만들어졌는지 모른다. 생태적 배낭이 얼마인지 추산해 볼 수도 없다. 즉 소매상이나 소비자는 제품을 구성하고 있는 여러 물질들을 생산하는 데 얼마나 많은 환경이 투입되었는지 알 수 없다. 제품 속에 재활용이나 재생 가능한 물질이 얼마나 포함되어 있을까? 기능적으로 비교 가능한 단위는 흔히 비슷하다. 두 대의 차량 또는 두 대의 봉제 기계의 무게는 처음에 대략적인 표시를 할 수 있다. 그러나 우리는 거기에 의존해서는 안 된다.

- 좋은 것은, 예를 들어 소모품(에너지, 물, 세제 등) 유입의 전자적 통제를 이용하는 경우에 안정적으로 모니터링되고 자체적으로 최적화되는가?
- 좋은 것이 다른 필요를 충족하는 데 사용될 수 있는가? 좋은 것이 다기능적인가?
- 좋은 것을 원래의 목적을 위해 더 이상 사용할 수 없을 때, 다른 목적이나 다른 사람을 위해서도 쓸 수 있는가?
- 다른 사람에게 좋은 것을 사용하도록 임대해 주거나 렌트해 줄 수 있는가? 그럴 만큼 견고한가?
- 좋은 것은 얼마나 내구성이 있는가? 보증 기간은 얼마나 되나?

표면의 특성(착용감, 세탁), 내식성, 수선 가능성, 모양, 유지·수리를 위한 분해의 용이성, 견고성, 신뢰성 등과 같은 특징에 대해 잘 아는 것도 우리가 재화의 내구성을 평가하는 데 도움이 된다. 개별 부품은 새로운 최신 부품으로 교환될 수 있도록(예를 들어, 자동차의 드라이브 어셈블리, 컴퓨터의 프린트 회로기판 등) 설계되어야 한다.

물론, 이 목록은 재미로 삼기에는 너무 길다. 소매상들도 단지 일부에 대해서만 확실한 대답을 해줄 수 있다. MIPS 형태의 가격 표시는 일을 훨씬 간단하게 만들 것이다. 그러나 충분히 많은 사람이 그런 질문을 지속적으로 던지게 된다면, 이는 지속가능성을 앞으로 작은 한걸음씩 나아가게 하는 데 도움이 될 것이다. 우리 소비자들은 시장경제에서 왕이다. 그렇지 않은가?

앞으로 제조국, 생태적 배낭, MIPS, 그리고 제품에 포함되었거나 제품의 사용 기간 동안 형성될 수 있는 이미 알려진 유해 물질 등과 같은 정보를 모든 완제품에 제공해야 하는지 여부에 대해 아주 심각하게 고려할 필요가 있다.

새로운 콘드라티예프 파동

2006년 1월 9일 독일 일간지 《쥐트도이체 차이퉁》*Süddeutsche Zeitung*에 "에너지와 천연자원 정보: 우리의 미래를 결정할 문제들"이란 제목의 기사에서 인용된 지크마어 가브리엘Sigmar Gabriel 독일 환경 장관의 다음 발언은 주목할 만하다. "에너지와 천연 원료에 대한 정보가 우리 세기의 기본적인 기술이 되고, 이런 정보가 재생에너지 확대와 밀접한 연관을 갖게 될 것이란 여러 징후가 나타나고 있다. 그것은 니콜라이 콘드라티예프Nikolai Kondratiev의 장기 파동 이론에 따라서, 혁신과 자본▪ 투자에 자극이 될 것이다. 이 이론에선, 일국의 경제의 번영과 고용이 먼저 인식된 비즈니스 주기의 장기적 단계에 의존한다고 주장한다."

가브리엘 장관이 언급한 장기 파동 이론은, 과거에는 몰랐거나 상용화되지 않았거나 진가를 인정받지 못했던 기술들이 중요성을 획득하게 되는 기본적인 혁신이 30~50년마다 출현한다고 단언한다. 현재까지 그런 파동과 혁신을 다섯 차례 확인할 수 있었다. 즉 섬유 산업을 위한 증기기관, 철도와 철로를 이용해 사람과 재화를 대량으로 수송한 철강 산업, 전기공학과 화학 산업, 자동차와 관련한 석유화학 산업, 1980년 이래 우리에게 인터넷과 휴대전화를 가져다준 컴퓨터와 관련한 정보 기술 등이 그것이다.

무엇이 여섯 번째 파동을 자극하게 될 것인가? 우리는 여섯 번째 파동을 경제와 번영이 탈물질화된 형태로 인식하게 될 것이라고들 이야기하고 있다. 여섯 번째 파동은 이미 시작되었다. 다른 전문가들은 현재 기본적 혁신의 역할을 건강이나 교육 영역에서 보게 될 것이라고 말한다. 그러나 이것이 탈물질화에 대한 생각과 모순된다고 생각할 필요는 없다.

15년 전부터 나는 생태적으로 지속가능한 경제의 필수 조건으로서 가능한 한 최대의 자원 생산성을 가진 재화와 서비스의 혁신을 촉구해 왔다. 일본에서는 MIPS와 팩터10에 관한 질문이 2007년 이후 모든 대학 입시 수험생들의 문제 은행에 포함되고 있다.

누가 변화의 중심인물인가?

디자이너, 건축가, 설계 엔지니어, 은행가들이 우리가 생태적이고 경제적으로 확고한 존재의 가벼움으로 나아가는 길을 열어줄 수 있을까? 탈물질화된 서비스 경제로 나아가는 길을 말이다. 고객 각자의 욕망이 즐거움과 양질의 품질, 내구성, 합리적 가격으로 만족을 얻는 현명한 중용의 경제로 인도할 수 있을까? 말하자면, 계획된 골동품을 이용해서 가능한 일일까? 우리가 팩터10을 달성할 수 있을까?

그렇다, 우리는 할 수 있다. 수백 가지의 실생활 사례에서 이를 보고 있다. 제품의 품질 역시 개선된다. 보다 '현대적'으로 바뀌고 보다 우아해지고, 보다 긴 수명을 갖게 된다. 게다가 이런 발전은 일자리를 창출한다! 보다 나은 미래를 위한 꿈을 실현해 주는 일상의 물건을 개발하고 사용하는 일이 고무적인 일이 아닐까? 예를 들어, 우리의 손자와 손자의 손자들이 감당할 수 있는 수준으로까지 의료 시스템의 비용을 낮춰 독일 보건 의료 시스템의 생태적 배낭을 1년에 1인당 4.5톤보다 줄인다면 짜릿하지 않겠는가? 어쨌든, 독일 제지산업의 물 사용량은 1960년 이후 6분의 1로 감소했다. 독일 뒤셀도르프의 핵심 제지업체가 연간 26만 세제곱미터였던 폐수 배출을 0으로 낮춰, 연간 폐수 처리 비용 40만 유로를 절감했다. 그래서 이 공장에서 물의 MIPS는 극미량으로 줄었다.

다음은 한 사람이 자신의 꿈을 실현한 방식을 보여준 최첨단 사례이다. 인류는 6,000년 이상 수송을 위해 배를 이용해 왔다. 추진력을 얻기 위해 연kite을 사용한 것은 아마도 인류의 역사만큼이나 오래되었을 터다. 그러나 연은 항해와는 달리 오늘날까지 실용적인 대안으로 남지 못했다. 주된 요인은 적당한 재료가 없고, 조종하기가 쉽지 않다는 것이었다. 2001년 한 해 동안 상선들은 250억 유로어치의 연료를 소비했다. 선박 1척을 운용하는 데 연료가 차지하는 비중은 총 비용의 60퍼센트에 달하고, 이 수치는 급속도로 증가하고 있다.

독일 함부르크에 사는 슈테판 브라게Stefan Wrage는 해운업을 잘 아는 청년이었다. 6년 전 이 젊은 엔지니어는 과거의 모든 경험을 무시하기로 작정했다. 그에게는 자신을 사로잡은 아이디어를 실현하기 위한 자본도, 독창적인 엔지니어의 지원도 없었다. 당시 그는 나에게 "화물선에 이용하기 위한 연을 제작할 것"이라고 말했더랬다. 오늘날, 그는 약 마흔 명의 직원과 함께 일하고, 안정적인 자금 지원을 받으며, 그 일로 해서 이미 대여섯 개의 상까지 받았다. 2005년 일본 엑스포에서 받은 것이 그중 하나이다.

'스카이세일'SkySails, contact@skysails.de은 그가 자신의 제품과 사업에 붙인 이름이다. 슈테판 브라게는 대부분의 기술적 문제를 해결했고, 2007년 자신의 추진 장치를 처음으로 판매하는 데 성공했다. 연은 자동으로 조종 가능했고 안전했다. 연료 비용을 60퍼센트까지 절약할 수 있었고, 이를 운용하는 데 추가 인원도 필요하지 않았다.

금융 자원이 없는 젊은 발명가가 은행, '전문가'와 관료의 불신을 극복해 내는 일은 독일에서도 보통 일이 아니다. 그러나 지멘스, 보슈, 제펠린이 있었던 독일에서 오늘날에도 완전히 불가능한 일만은 아닌 것이다.

기존의 기술을 완벽하게 이용한다고 해도 팩터10을 향상시키기란 좀체 쉬운 일이 아니다. 공룡이 내뿜는 연기를 활용하기 위해 공룡의 등에 작은 기계를 부착한다고 성공을 거둘 수는 없다. 우리는 완전히 새로운 프로세스와 시설, 완전히 새로운 제품과 처음부터 물질 흐름을 최소화하도록 설계된 새로운 서비스 제공 방식을 개발할 필요가 있다. 우리는 '생태 효율성* 혁명'eco-efficiency revolution 을 시작해야 한다. 또는 '자원 생산성 혁명'이라고 부르는 게 나을지도 모르겠다.

이 말은 아주 새로운 신조어이다. '효율성'이라는 용어는 흔히 기존 시설이나 기존 과정의 성능을 측정하기 위한 기술적인 매개변수를 나타내는 데 사용된다. '생산성'이라는 용어도 동일한 서비스나 보다 나은 서비스를 이용 가능케 하는 완전히 새로운 프로세스나 재화를 포함하고 있다. 사용된 천연 원료의 생산성은 극적으로 증가시켜야 한다. 이 말은 우리가 사용하는 시설이나 기술에 관계없이 동일한 양의 천연 원료로 훨씬 더 좋은 성능과 발전을 이끌어내야 한다는 것을 의미한다. 생산성 혁명 개념에서, 자원의 사용은 (물질적인 것만이 아닌) 사회의 발전과도 연관되어 있다.

엔지니어에게 가장 흥미로운 작업 중 하나는 서비스에 대한 기대를 만족시키면서도 통상적인 원료의 양을 평균 약 10퍼센트 줄이는

'낮은 MIPS' 서비스 기계를 창출하는 것이 될 것이다. 절약을 향한 자원 생산성 향상은 제품의 수명 주기■ 동안 어느 위치에서도 일어날 수 있다. 즉 제품의 생산과 사용, 처분 기간 동안 사업적·기술적 두 관점 모두에서 특히 유리한 시점에 최적화할 수 있다. 우리는 많은 제조 부문에서 이 문제에 대해 반복적으로 논의해 왔다. 우리는 일류 디자이너들과 함께 이 문제에 대해 토론하고 관련 연구들을 섭렵해 왔다. 이에 대한 대답은 명료하다. 그렇다. 실제로 가능하지만, 항상 재정적으로 수지가 맞는 일은 아니다. 최소한 아직은 아니다.

MIPS 줄이기: 기존 제품의 탈물질화

생태적 관점에서 한 회사를 분석한 뒤, 에너지와 물, 그리고 원료의 일상 비용을 가능한 한 줄이기 위한 모든 작업을 다 해보고, 우리는 그 회사의 대표 제품에 대한 작업에 착수하여 생태적으로 간소화할 것이다. 처음부터 제조 원리나 기능을 바꾸지는 않을 것이다.

우리가 취할 작업의 개략적인 방향을 잡기 위해서는, 앞에서 언급한 규칙을 한번 읽어보는 것이 첫걸음이 될 것이다. 그다음, 우리는 핵심적 작업에 돌입한다. 회사의 임원과 모든 관련 직원(조달 및 영업 부문 대표 포함)에게 다음 목록에 따라 작업하는 것이 값어치 있는 일이라는 점을 주지시키는 것이 중요하다. 선정한 대상 제품에 대한 탈물질화의 가능성을 찾아냈다면, 필요한 자본 투자와 투자의 분할 상환에 대한 고려가 이루어져야 한다.

미래의 제품을 위한 황금률

1. 제품의 경제적 적합성, 그리고 환경에 피해를 줄 잠재성에 대한 모든 평가는 제품의 전체 수명 주기를 포함해야 한다. 이에 대한 분석은 '요람에서 다시 요람까지' 모든 것을 포함해야 한다.
2. 프로세스와 제품, 그리고 서비스의 효용은 최적화되어야 한다.
3. 서비스 단위당 천연 원료와 에너지의 투입(MIPS)은 적어도 평균 10분의 1로 줄여야 한다.(팩터10) 따라서 자원 생산성이 향상될 것이다.
4. 효용/서비스 단위당 토지 사용을 최소화해야 한다.
5. 유해 물질의 배출을 최소화해야 한다.
6. 지속가능한 재생 자원의 사용을 극대화해야 한다.

보이지 않는 것의 설계: 내일을 위한 혁신

경제적이고 생태적인 측면에서 현대적인 설계는 예외 없이 효용에 대한 가능한 한 정확한 설명에서부터 시작된다. 사람들이 그 제품에서 기대하는 효용이나, 기대하지 않는 효용, 심지어는 피하고 싶은 효용에 대한 설명이 필요하다. 이런 목적을 위해, 그들의 요구 사항과 욕망, 그리고 꿈을 가장 먼저 알아야 한다. 그들의 요구 사항에

생태 디자인을 위한 설계의 핵심

제조

- 물질 집중도(물질, 프로세스)*
- 에너지 집중도(물질, 프로세스)*
- 재생 가능한 자원 투입*
- 유용한 물질 산출*
- 폐기물 집중도*
- 거부율*
- 수송 집중도*
- 포장 집중도*
- 위험 물질

사용 · 소비

- 재료 처리량*
- 에너지 투입*
- 무게*
- 자체 모니터링, 자체 최적화*
- 다기능성*
- 연속(다른) 사용 잠재력*
- 공동 사용 가능성(예, 여러 가족 사용)*
- 크기
- 필요한 지표 면적
- 소산성 위험 물질 배출

– 수명*
– 연장된 기간 동안 예비 부품의 이용 가능성*
– 표면적 특성
– 내식성*
– 수리 가능성, 부품 교환 가능성*
– 제품의 구조와 해체의 용이성*
– 견고성·신뢰성*
– 물질 피로의 가능성*
– 기술 진보에 대한 적응성*

첫 사용 후

– 낮은 MIPS 수집 및 분류 잠재력*
– 재사용 가능성*
– 다른 목적으로 사용 가능성*
– 동일한 용도를 위한 재제조 가능성*
– 물질 구성과 복잡성(화학적·야금적 이유에서 재활용 용이성)*
– 동일한 또는 다른 용도로 부품 및 소재의 재활용 가능성*

폐기

– 연소 가능성(사용 가능한 에너지 산출)*
– 퇴비화 잠재력
– 폐기 후 환경에 미치는 영향

* = MIPS 계산에 포함

대해 알기 위해선 폭넓고 구체적인 이야기를 나눠야 한다. 예를 들어, 배우자와 아이들, 그리고 친구나 지인들과 맥주를 마시거나 스포츠클럽에서 이야기를 나눈다. 오늘날 마케팅 연구는 거의 답을 주지 못한다. 기술을 설계하기 전에, 목적과 원하는 효용 또는 예상되는 일단의 효용을 정의한다면(제품의 현재 형태를 단순히 탈물질화하는 데 그치지 않는다면), 우리는 요구 사항을 충족하기 위해 완전히 새롭고 고도로 탈물질화된 해법에 도달할 수 있다. 예를 들어, 빈 기술대학은 오스트리아 장크트푈텐 인근에 연면적 300제곱미터의 집을 지으면서 평소보다 10배 높은 자원 생산성을 달성했다. 난방은 집에서 사용되는 컴퓨터의 열 손실로 충당했다.

우리는 품질 좋은 창문 세정제를 개발할 것이 아니라 오히려 유리와 기타 표면을 청소하는 기발한 방법이나 처음부터 더러움이 타지 않게 하는 방법을 찾아야 한다. 즉 자원과 에너지를 절약하는 방법을 찾아야 한다. 이런 관점은 전통적 해법을 시스템 차원에서 비교해 자연의 소비를 줄이기 위한 새롭고 색다른 아이디어를 개발할 수 있게 해준다.

이는 창문 세정제를 생산하는 일반 중소기업에게는 어려운 주문일 것이다. 몇 안 되는 직원 중에 누가 그런 일을 할 수 있을까? 회사가 이윤을 내도록 하는 데에 몰두하기에도 버거운 직원들이 고용주가 자신들에게 부여한 권한을 훨씬 넘어서는 일에까지 아이디어를 내는 데 시간을 들이려 할까? 그리고 '창문을 깨끗하게 유지'하는 완전히 새로운 기술적 해법에 대한 아이디어가 회사 내에서 나온 생태 지능적인(생태 효율적인) 상품은 시장가격으로 최대의 효용(개인 고객의 요구와는 다른 여러 종류의 효용)을 제공하는 상품이다. 예를 들어, 전체 수명 주기(천연 원료 추출에서 재활용까지) 동안 가능한 한 장기적으로 물질, 에너지, 쓰레기, 수송, 포장, 위험 물질 그리고 공간 사용 등을 최소화하는 물건과 도구, 기계, 자동차, 건물 그리고 인프라 등을 가리킨다.

다 하더라도, 새로운 제품 개발에 따르는 위험을 감수하는 데 시간을 포함한 필요한 자원을 이용할 수 있을까? 하지만 많은 소기업주가 시도하여 성공을 거둔 예가 있다. 디젤, 릴리엔탈과 벤츠 같은 이름이 이 사실을 상기시켜 준다. 인터넷 시대의 도래로 인해 성공할 기회는 크게 확대되었다. 그러나 많은 사람이 이런 시도로 인해 사업장에서 쫓겨나기도 했으며, 지금도 그런 일이 일어나고 있다.

효용을 창출하는 새로운 기술적 해법의 발명은 모든 관련 물질의 생태적 배낭의 축소를 의미한다. 생태적 배낭은 보이지 않기 때문에, 우리는 '안 보이는 것을 어떻게 설계할지'를 배울 필요가 있다. 이 일은 디자이너와 건축가, 그리고 엔지니어들에게는 새롭고 흥미로운 일이 될 것이다. 그러나 이는 사람들이 손으로 만져보고 사용하는 제품을 개발하는 개인으로서 그들이 갖는 자아상 self-image 과는 조금도 맞지 않을 수 있다.

지금까지의 얘기를 요약해 보자. 자연과 비용을 적게 들이는 데 비해, 효용은 가능한 한 많이 얻는다. 우리는 서비스 기계를 설계할 때에도, 다용도의 사용이나 공동 사용, 연속 사용, 제품의 렌트 또는 서비스 제공 등의 가능성과 같은 전략도 역시 고려해야 한다. 시스템 속에서 사고하는 일은 미래의 디자이너와 기술자들에게 실질적으로 중요한 일이다.

디자이너는 서비스를 제공하는 기계의 자원 집중도에 영향을 줄 수 있는 더 많은 기회를 갖는다. (잠재적인) 독성 물질에 관해서보다도 질량과 에너지 흐름에 관해서라면 처음부터 기회를 갖는다. 실제로, 누구나 MIPS를 향상시키는 방법에 대해 생각할 수 있고, 지속 가능성으로 향하는 수많은 길을 닦는 독창성에 한계는 없다. 기존

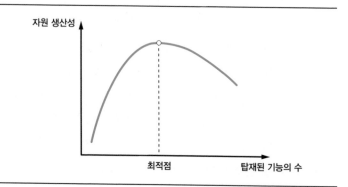

그림 16 스위스 군용칼처럼 한 장비에 여러 가지 기능을 모아놓으면, 처음에는 개별 기능의 자원 생산성에 긍정적 영향을 미칠 수 있다. 하지만 여러 기능으로 하나의 장비를 과도하게 사용하게 되면, 장비의 견고성과 수명이 줄어들어 자원 생산성이 낮아질 수 있다. 또 사용자는 점점 더 장비를 작동시키기가 복잡해져 불만스러워할 수도 있다.

의 해법을 이용하든 새로운 아이디어의 도움을 받든 상관없다.

그래서 실제 시장 경쟁은 생태학적으로 보다 나은 재화와 서비스 창출에 통합되어 있다. 의미 있는 경쟁은 시장에서 이에 상응한 재화나 서비스를 얻게 된다. 일본인들은 오래전에 이 점을 이해하고, 2001년 팩터10을 국가 경제 전략 계획에 포함시켰다. 에른스트 울리히 폰 바이체커와 내가 세계환경상을 받은 것도 이 때문이었다.

다기능 장비

스위스 군용칼, 특정 로봇, 주방 가전제품, 컴퓨터 등과 같은 다기능 장비는 다양한 업무와 서비스를 수행할 수 있다. 그래서 여러 유형의 효용을 창출할 수도 있다. 생태적 관점에서 볼 때, 이는 유용하다. 많은 개별 장비를 사용해야 할 때에 비해 가능한 각각의 서비스에 대한 MIPS가 적을 것이기 때문이다.

물론, 일부 가전제품에는 당신이나 나 같은 일반 소비자들이 필요로 하는 것보다 훨씬 많은 기능이 탑재되어 있다. 제조업체나 제조업체의 대리인이 고객들에게 실제로 원하는 기능을 물어보았던가? 내 경우, 단 한 번도 그런 접근을 경험한 적이 없다. 브라운 디자인Braun Design이라는 회사에서는 세탁기의 무려 일흔다섯 개나 되는 탑재 기능을 몇 가지 기능으로 줄여 세탁기 상단 손잡이와 버튼 위에 올려놓고 쓸 덮개를 발명한 적이 있다. 이는 사용자 중심으로, 생태친화적으로 세탁기를 작동하도록 하기 위해서였다.

어쨌든, 도구와 기구에 추가 기능을 장착하게 되면 자원이 필요하고, 작동과 수리가 복잡해질 뿐 아니라 도구와 장비의 민감성이 높아진다. 이 때문에 조기 고장으로 교체가 불가피해질 수도 있다. 그림 16은 다기능 장비를 갖춘 제품의 장점이 어떻게 역효과를 빚어내는지를 보여주고 있다.

지속가능한 효용의 설계

팩터10/MIPS 개념을 사용한다고 해서 특징 기술에 얽매여야 하는 것은 아니다. "기술에 대해서는 어떠한 고정관념도 없다." 시험을 거친 진짜 기술과 제조 공정이 사용될 것이라는 점은 당연한 것으로 받아들여져야 한다.

MIPS는 항상 사용 가능한 제품에 적용된다. 예컨대, 한 가정에 모범적으로 탈물질화한 난방 시스템이 갖추어졌다는 말은 '주택'의 자원 생산성을 증대시키는 여러 측면 가운데 한 측면에서 진전이 이루어졌음을 뜻한다. 그리고 다음의 얘기는 여전히 아무리 강조해도 지나치지 않다. '요람에서 무덤까지' 모든 측면을 고려해 탈물질화하지 않는다면, 우리는 미래를 가진 미래로 도약할 수 없을 것이다. 전체 경제 시스템과 기술 및 제공된 효용을 개선하는 데 우리 모두의 자유로운 참여에는 한계가 있을 수 없다.

7 우리 손에 달린 지구

 논리적 결론을 이끌어내기 위해 몇 가지 사실과 상황을 요약해보자. 지속가능한 미래를 실현하기 위해서는 경제적·사회적·생태적 목표가 상호 연관되어야 한다. 또한 모든 결정은, 정치적·경제적·개인적 영역에 속하는 결정이라고 하더라도 생태계에 영향을 끼친다. 자원 절약을 목표로 하지 않는 경제는 지속가능할 수 없다. 문제의 해법을 찾기 위해 제품의 효용에 초점을 맞춘다면, 지속가능한 미래로 향한 길로 나아가게 될 것이다. 진정한 혁신이란 새로운 수단으로 사용할 수 있는 제품의 수를 늘리는 것이 아니라, 오히려 자원을 더 적게 사용하고도 삶의 질을 창출하는 것을 의미한다. 그런 제품은 미래의 세계시장에서 성공할 것이 확실하다.

 환경적 재난에 대처할 지속가능한 해법은 경제의 투입 측면에서 시작되어야 한다. 또 모든 제품과 서비스, 공정에 대한 생태적 디자인을 지원해야 한다. 그런 해법은 비용 효율적이어야 하고, 생태적으로 보다 나은 옵션에 금융적 보상을 주기 위해 시장의 힘을 활용해야 한다. 지구적인 사회정의를 달성하기 위해서는 모든 사람의 존엄과 그들의 필요 사항을 존중할 필요가 있다. 또한 지구적인 사회정의란 우리가 살 수 있는 유일한 행성인 지구의 자원에 모든 사람의 충분한 접근이 허용되는 것을 의미한다.

독일에서 소비되는 모든 것을 생산하기 위해서는 독일의 면적이 지금보다 훨씬 더 넓었어야 할 것이다. 그러나 독일인들은 해오던 방식대로, 손쉽게 다른 나라의 토지를 이용하고 있다. 다른 부자 나라들도 유사한 방식으로 행동하고 있다. 이런 식으로 우리 인간들은 이용 가능한 유일한 행성의 거주 가능한 환경을 위태롭게 만들고 있다. 우리는 종종 생태계에 새로운 조건을 강제한다. 그러나 자연의 서비스가 그 영향을 견뎌낼 수 있을지 여부는 알 수 없다.

오늘날의 경제활동과 자연의 생명 유지 서비스(이 서비스가 없다면 인간의 생존은 불가능하다.) 간의 불일치를 야기하는 시스템적인 근본 원인을 제거해야 할 때가 왔다. 행성 지구에서의 생존을 위해서, 피해 예방 전략을 시행할 때가 된 것이다. 지구는 우리의 손에 달려 있다.

오늘 당장 취할 수 있는 조처들이 있다. 우리에게는 원하는 만큼의 시간이 없다. 결정적인 기술적 변화를 발전시켜, 이들 기술이 시장에 침투하기까지는 10~20년이 걸리기 때문에, 효과적인 탈물질화를 달성하는 데는 수십 년이 걸린다는 사실을 깨달아야 한다. 그리고 모든 평화적인 사회 변동도 한 세대 이상이 걸릴 것이므로, 경제의 지속가능한 발전을 이룩하기 위해 걸리는 기간도 현실적으로 계산해 20~40년에 이를 것이다. 즉 지금이 행동에 나서야 할 때이다.

노동과 자원의 생산성

긴 여행도 시작은 첫걸음부터이다. 노동 생산성■과 자원 생산성에 대한 조사로 첫걸음을 내딛는 시도를 해보자. 원료 가격은 비용을 절감하는 방법을 찾는 기업에게 새로운 유인이 되지 않는다. 이는 놀랄 만한 일이다. 독일 연방 통계청에 따르면, 원료와 에너지 요소에 들어가는 평균비용은 50퍼센트 이상이지만, 노동의 평균비용이 22퍼센트밖에 안 되기 때문이다. 그러나 오랜 동안 기업들은 노동 생산성을 향상시킬 방법, 즉 팔리는 제품을 생산하기 위해 임금 노동을 개선하는 방법만을 모색해 왔다.

그러나 인간은 보다 빠르고 보다 효율적으로 자신들이 하고 있는 작업의 자연적 한계에 도달하기 때문에(즉 수제화를 더욱더 빨리 만들고, 못을 더욱더 빨리 박고, 석탄을 삽으로 더욱더 빨리 파내는 등), 기업가들은 이런 딜레마를 풀기 위해 새로운 도구와 기계, 그리고 장비 등 기술 혁신을 일찍부터 도입해 왔다.

시간이 지나면서, 인간의 노동을 대체하는 기계가 훨씬 더 효율적이고 지능적이 되어갔다. 이제 로봇까지 등장했다. 현대적인 기계 1대가 광부 2만 5,000명이 삽으로 파내는 만큼의 갈탄을 채굴할 수

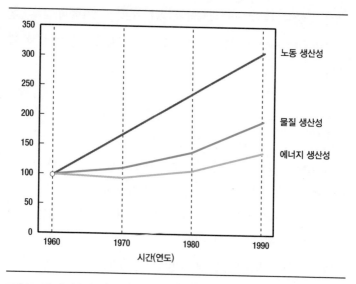

그림 17 1960년 이후 서독에서의 에너지, 물질, 노동 생산성의 발전 추이

있다. 노동 생산성(사실은 기계 생산성)은 한 세기 동안 약 50배 증가했다.

이와 동시에, 기계의 생태적 배낭은 훨씬 더 무거워졌다. 더욱더 많은 기업이 더 많은 기계를 운용하고 있다. 즉 기계의 도움으로 인간의 노동을 작업에서 해방시키는 과정은 생태계의 보조금을 지원받은 것이다. 이런 방식으로 달성된 작업의 효율과 편리함, 안전은 생태적 안정성의 비용을 더 많이 들여가면서 얻어낸 것이다.

지난 100년 동안 발생한 일들이 나선형처럼 떠오른다. 기업주들은 먼저 생산을 통해 자신들의 수입을 늘리기 위해 더 많은 노동자를 고용했다. 노동자들은 노동조합의 지원 아래 더 높은 임금(수익의 몫)을 요구해 받아 갔다. 따라서 노동비용은 상승했다. 임금 상승보다는 더디지만 물론 생활비도 상승했다. 이것이 '생활수준'이 향상된 이유이다. 경쟁의 압박을 받고 더욱더 많은 이윤을 올리고 싶어하는 기업가(인간의 내재적 본능)는 인간 노동의 대체물로서 기계의 사용을 점차 늘려 왔다. (남아 있는) 노동자들은 여전히 보다 높은 수익의 몫을 받았다. 반면 실업이 보다 만연해지고 폭넓어졌다. 그 비용은 자연이 지불해 왔다.

정부가 이윤뿐 아니라 노동자들의 소득에 대한 과세를 통해 정부 재정지출의 상당 부분을 전통적으로 충당해 왔다는 점은 일을 어렵게 한다. 불행하게도, 삶의 질, 만족과 행복, 기쁨 등을 창출하려는 적극적인 노력이 과세로 처벌되어야 하는 이유를 나에게 설명해 준 사람은 아무도 없었다.

공공 기관이 그런 돈을 받아 내는 이런 특별한 관행은 나선형을 더욱더 꼬이게 한다. 특히 소득세의 세수는 정부의 다양한 사회적 의무, 예를 들어 실업자 복지와 연금 등의 재정에 많은 부분을 충당한다. 그 결과 실업과 정부 예산, 자연의 소비가 각각 늘어났다.

1970년대 이후, 우리는 실제로 더욱더 많은 제품을 생산하고 수출하는 상황에 있다. 그러나 그런 상황이 국내적으로 보다 많은 번영을 가져오고 생활의 질을 높이는 데 도움이 되지 않는다는 점을 우리 스스로 깨닫게 되었다. 독일 서부 겔젠키르헨에 있는 '작업 및 기술연구소'의 프란츠 레너Franz Lehner 소장은 다음과 같이 말했다.

"번영과 삶의 질을 표시하는 다른 중요한 지표와 실질소득이 여러 해 동안 정체되었거나 심지어 줄어들기까지 했다. 더 나아가, 지금까지 달성한 번영도 다시금 의문시되고 있다. 이런 경쟁력을 확보하기 위한 전략과 딱히 혁신적이지 않은 지구적 구조 조정에 대처하려는 시도 때문에 그렇게 되었다."

전망이 전혀 없는 실업?

앞서 살펴본 것처럼, 사회문제, 경제문제, 그리고 자연 서비스의 보존 등 세 가지 차원을 서로 잘 조화시킨다면 경제는 지속가능할 수 있다. 모두를 위한 효용을 증대시킬 수 있다면, 동시에 이런 능력에 의존하는 미래를 위해 자연적·사회적·경제적 기반을 확보한다면, 경제는 지속가능할 수 있다. 실업은 사회정의의 문제이다. 높은 실업률은 지속가능성의 사회적 차원이 통제되지 못하고 있음을 의미한다.

실업은 무한 성장이 가능할 것 같았던 때부터 낡은 과세 구조와 (재)분배 개념에 집착한 결과이다. 특히 자원 생산성, 금융, 교육, 연구 우선순위 및 관리 분야에서 유연성과 혁신이 부족해 초래된 결과이다.

독일의 정치권이나 업계 모두, 가능한 모든 위험에서 독일인의 삶을 보장하는 것과 관련하여 예견 가능한 문제에 관심을 기울이고, 적시에 그 결과를 돌파해 내기 위해 1970년대 중반 이후 경기 주기

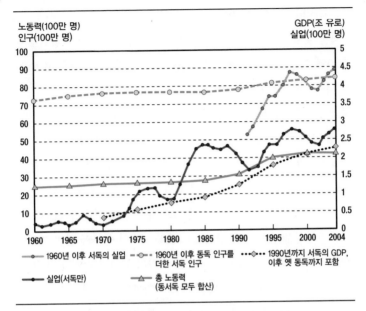

노동력(100만 명)
인구(100만 명)

GDP(조 유로)
실업(100만 명)

범례:
— ●— 1960년 이후 서독의 실업 · -○- · 1960년 이후 동독 인구를 더한 서독 인구 · · ●· · · 1990년까지 서독의 GDP, 이후 옛 동독까지 포함

— ●— 실업(서독만) — △— 총 노동력 (동서독 모두 합산)

그림 18 1960년 이후 독일의 인구 성장, 노동력 크기, 실업, 생산량(GDP) 동향

총인구와 고용 인구는 동서독이 함께 표시됐다. 1998년 서독의 인구는 약 6300만 명이었고, 동독은 1600만 명이었다. 그림에서 GDP는 1990년까지는 서독만, 그 이후에는 동서독을 합산해 표시했다. 실업 수치는 1960~2004년 서독만 표시했고, 1990년 이후에 동서독의 실업 수치를 합산해 별도의 곡선으로 표시했다. 서독의 실업은 1960년 이래 침체기 동안에는 서서히 증가하다가, 경기가 나아질 땐 약간 수그러드는 경향을 보여준다. 절대 숫자는 이후 다시 증가한 것으로 나타나 있다. (자료: 해리 레만Harry Lehmann)

의 호황 국면을 활용하려는 혜안을 갖지 못했다. "건강보험 비용이 줄어들 것이다", "연금은 안전하다", "노인장기요양보험이 지속가능한 재정적 기반을 갖고 있다"는 등의 말이 회자되었다. 당시 두 명의 연방 총리는 "실업을 절반으로 줄일 것"이라는 아주 놀라운 예측을

담은 발언을 하기까지 했다.

최근 몇십 년 동안 실업문제가 어떻게 전개되어 왔는지 살펴보자. 1960년 이후 독일(서독)에서 실업률은 끊임없이 증가해 단계별로 점점 더 증가 추세에 있다. 각 단계는 노동시장에서 어느 정도 긴장이 해소되는 경제 회복기로 구분된다. 이런 긍정적인 국면은 임금노동이 점점 더 줄어드는 상황으로 이어져 오늘날까지 계속되고 있다.(그림 18 참조) 이러한 관점에서, 실업의 대폭적인 감소는 독일 경제 프레임워크의 조건에서 패러다임의 전환이 이루어지지 않고서는 기대할 수 없다. 독일에서 노동비용은 노동자가 실제 받은 금액보다 평균 2배 이상을 차지한다. 나머지는 공공 기관의 업무와 공공 기관의 차입 지출, 그리고 부채에 대한 공공 기관의 이자 지출이다. 이런 엄청난 노동비용이 필요한 것일까? 또 사회적으로 책임지는 일일까? 정당한 것일까? 그러나 무엇보다도, 이 엄청난 노동비용이 바람직한 것이고 지속가능한 것일까?

잘못된 방향의 재정적 부담?

시민들과 업계는 조세 부담과 건강보험, 실업보험, 연금보험에 불만이 있다. 이들은 모두 노동력이라는 한 가지 생산요소에 압도적으로 의존하고 있다. 인구 증가는 이 문제를 더욱더 악화시킬 것이다. 목표는 실업률을 5퍼센트 이하로 확실하게 낮추는 것이어야 한다. 야심 찬 소리로 들리지만, 달성할 수 있는 목표다. 예를 들어, 일본·

네덜란드·오스트리아 같은 다른 나라들은 이미 달성했다.

최근 몇 년 동안 독일에서는 새로운 일자리가 많이 생겨났지만, 충분하지는 않다. 이런 흐름이 중기적으로 안정화된다고 하더라도, 실업은 거의 영원히 줄어들지 않을 것이다. 추가적인 일자리는 계속되는 구조 조정에 희생될 것이다. 무엇보다도 높은 부가가치를 창출하는 새로운 일자리가 필요하다.

전통 경제학에서는, 독일에서 300~400만 개의 일자리를 추가로 창출하기 위해선 앞으로 10년간 매년 적어도 3퍼센트의 경제성장률이 필요하다고 주장한다. 그러나 우리가 노동력을 더 필요로 하고 자원 사용을 줄이는 분야에서 성장에 성공한다면 성장 목표는 더 낮아질 것이다. 쉽게 말해 이는 노동시장의 상황을 해소하기 위해 자원 생산성이 증대되어야 한다는 것을 뜻한다.

독일이 실업률을 줄이는 데 결정적인 성과를 이루려면, 재정 시스템을 재조정해야 한다. 수입과 지출, 보조금을 자원의 효율성을 향상시키는 쪽으로 이동해야 한다. 장기적 목표는 노동, 자본, 에너지/자원 등 모든 생산요소에 경제적으로 합리적이고 균형적인 부담을 지우는 것이다. 정규직과 비정규직 노동을 위한 혁신적 모델과 보다 유연한 노동시장이 이를 성공으로 이끌 것이다.

에너지와 자원 효율성

천연자원 비용이 상대적으로 낮은 데도 불구하고, 독일에서는 에너지와 자원 효율성 부문이 전통적으로 강하다. 단열 주택, 효율이 높은 내연기관, 보다 나은 기술 등의 분야에선 이미 효과가 나타나고 있다. 최근 몇 년간 에너지 효율성은 두드러지게 향상되었다. 자원을 현명하게 사용하는 방식도 이와 비슷한 추이를 보이고 있다. 주택, 의복, 교통, 정보, 또는 연예 오락 등 어떤 분야를 보더라도, 자연의 소비를 줄이고도 동일한 수준의 안락함을 추구할 수 있다는 점이 기본 규칙이다. 경제 전체로 놓고 보면, 이는 주어진 양의 원료나 에너지에서 보다 많은 가치를 창출한다는 말이다. 그 결과는 경제적으로, 생태적으로 이중 배당을 받는 것이다. 즉 우리를 지속가능한 미래로 향하게 하는 윈윈 상황인 셈이다.

1960~1990년 독일의 노동 생산성은 연간 약 3.8퍼센트씩 증가했다. 같은 기간에 독일 국내의 총물질 흐름TMF 은 1.6퍼센트씩 증가한 반면, 국내총생산GDP 은 3.1퍼센트씩 성장했다. 독일 경제와 자원 소비 사이에 분명한 탈동조화가 이루어진 것이다. 그러나 지속가능성 요구에 대응하면서, 천연자원의 절대적 소비는 감소하지 않았다는 점에 주목해야 한다. 이는 우리가 상대적인 지표를 사용하는 데 있어 신중해야 한다는 사실을 지적한 것이다.

노동 생산성 증가는 종종 노동자 해고 사유가 되기 때문에 언론의 큰 관심을 받는다. 한편, 자원 생산성의 향상은 보통 별 소동 없이 일어난다. 경제적·생태적 지속가능성에 이르는 것과 자원 생산성이 어떻게 관련되는지에 대해 정치인과 언론, 일반 대중이 여전히 잘 알지 못하고 있다는 점이 그 이유 중 하나이다. 또 다른 이유는,

생산 부문에서 자원 생산성의 증가는 흔히 집중적인 혁신의 결과로 이루어진 것이지만, 이 점이 공개적으로 발표되지 않는다는 점이다.

현명하지 못한 과세

현재의 조세 및 관세 체제는 경제활동을 잘못된 방향으로 이끌고 있다. 비효율적이고 불공정하게 부담을 분배한다. 무엇보다도 세금과 수수료 구조 때문에, 생산 비용의 현재 구조는 노동 70퍼센트, 자본 25퍼센트, 그리고 에너지 5퍼센트인 것으로 보이고 있다. 우리가 다음과 같은 질문을 던졌을 때 전혀 다른 그림이 나온다. 실제로, 물질 가치의 창조와 같은 최종적 결과에 대한 비용 지불이 얼마나 높은가? 미국과 일본, 독일의 경험적 연구에 따르면, 노동 투입과 자본 투입이 합쳐서 1퍼센트 변화할 때와 에너지 투입이 변화할 때 산업에서의 가치 창출이 변화하는 정도는 같다. 즉 노동은 산출에 기여하는 것에 비해 비싼 편이다. 반대로 에너지는 가치 창출에 상대적으로 더 많이 기여하지만, 그 비용은 비교적 적게 든다.

이러한 상황 속에서, 생산의 합리화는 일자리 축소를 의미한다! 이 가운데서도 특히 사회복지 시스템이 오늘날 거의 전적으로 노동에 의존하기 때문이다. 노동시장은 경제성장과 탈동조화된다. 그 결과로, 세금 수입이 줄고, 사회적 지출은 늘어난다. 정부는 예방과 지속가능성을 향한 지출을 위해 움직일 수 있는 공간이 점점 더 축소되는 악순환 속에서 운신하게 된다.

이런 이유 때문에, 자원 사용을 결정할 때 최적점을 재조정할 필요가 있다. 노동, 자본, 원료/에너지 투입에 대한 경제적으로 합리적인 조합을 찾으려면, 더 많은 노동에 더 적은 원료와 에너지를 사용하는 방향으로 옮아가야 한다.

정부는 기업과 시장이 운영되는 규칙을 정한다. 정부만이 지속가능성을 향해 나아갈 기회를 개선하기 위한 경제적이고 재정적인 틀의 조건을 조정할 수 있다. 그런 전환을 위해서는 신뢰성과 일반 대중의 수용을 확보해야 하는데, 이는 최소한의 비용 중립성과 충분한 투명성을 요구한다.

총원가 가격 산정full-cost pricing

생산과 소비를 결정하는 것은 개개인뿐 아니라 기업이 시장으로부터 받는 신호와 인센티브이다. 시장경제에서 가장 중요하고 지배적인 신호는 가격이다. 요즈음 에너지와 상품 가격은 정부의 시장 개입으로 대부분 왜곡되어 있다. 세금 및 재정 인센티브, 가격 담합과 시장 정책, 환율과 무역 장벽 등 이 모든 것이 경제성장을 위한 에너지 및 자원 집중도에 영향을 준다. 또 경제성장이 자연의 서비스에 주는 해악의 정도에도 영향을 준다.

이런 사실과 관계없이, 대부분의 정부와 기업가, 그리고 유권자들(대중)은, 에너지와 원료, 그리고 자원의 소비 증가가 재화와 일자리, 소득을 더욱더 창출하기 위한 것이라면 그것은 건전한 경제라고 계속해서 가정한다. 이런 가정은 대량생산에 기초한 경제, 종말에 도 달한 경제의 시대착오적인 잔재이다. 이런 경제에서 성장은 에너지 공급의 지속적인 확대와 자원 착취, 환경 파괴라는 특징을 보인다. 이미 낡은 것이 된 지 오래임에도 이러한 가정은 금융, 에너지, 농업, 임업 및 기타 정책을 계속해서 지배해 오고 있다. 그 결과, 새롭고 효율적이고 지속가능한 경제를 향한 발전이 지체되고, 심지어는 부분적으로 봉쇄되기도 한다.

이런 잘못된 방향의 가정은 또한 환경 정책도 지배하여 전체 시스템보다는 경제의 산출에 계속 집중하도록 만든다. 배출 직전 단계의 해법과 자원 처리 가공 또는 재활용이 생산성 증대보다 더 많은 지지를 받는 경향이 있다. 환경보호 비용이 끝없이 증가하는 길이다.

자원 낭비의 현실

유럽의 수백여 개 중소기업에서 있었던 실질적 경험을 살펴보면, 에너지와 원료를 절약할 수 있는 상당한 잠재력이 활용되지 않고 있음을 알 수 있다. 평균적인 절감 잠재력은 20~25퍼센트이다. 이 정도면 소요된 자본 투자를 2년 내에 회수할 수 있다. 일부 기업에서는 절약의 잠재력이 이보다 훨씬 높다.

물론, 이러한 관찰에서 다음과 같은 의문이 생긴다. 이것이 시장 실패의 사례인가? 자원 비용을 절감하려는 노력이 집중적으로 이루어지지 못하는 이유는 무엇인가? 비용 압박이 항상 노동자들이 일자리를 잃는 결과로 나타나고 전력과 시멘트를 절약하려고는 들지 않는 이유가 무엇인가?

이런 상황의 이유는 자주 검토되어 왔다. 가장 중요한 이유로 다음과 같은 것이 있다. 중소기업의 많은 관리자는 시스템 차원에서 사고하는 데 그다지 익숙하지 않다. 이들 관리자는 자신들이 생산하는 제품의 '요람에서 무덤까지'의 역사를 통해 사고하는 데에는 거의 관심이 없다. 그들은 결정을 할 때 자본·노동·중간재에 대한 회사 내 비용뿐 아니라 사업으로 창출해 낼 수 있는 이익만을 결정적인 요소로 고려한다. 무게 단위로 측정된 자원 흐름과 자신들이 생산하는 제품의 자원 집약도는 회계장부에 대부분 기재하지 않는다.

생태적 배낭과 MIPS의 개념이 아직 충분히 확산되지 못했다는 점은 분명하다. 그리고 중간재와 천연 원료, 소모품의 구입 가격이 제품의 자원 효율성에 반영되지 않기 때문에(즉 '생태적 진실을 말하지 않기 때문에'), 대부분의 기업은 투입 요소를 구매하고 이를 제품으로 변환하고 마침내 그 제품을 시장에 내놓을 때 이미 소비된 자연의 양이 얼마나 되는지를 알지 못한다. 또, 소기업들은 대안적 가공 과정과 새로운 원료, 새로운 제품 디자인을 실험하는 데 주저할 수도 있다. 흔히 식품 포장 산업과 건설 부문 같은 곳에서는 표준화 때문에 혁신이 어렵다.

결국 우리는 다음과 같은 질문도 해야 한다. 광고가 잘못된 궤도 위에 서 있는 것인가? 자원 생산성과 미래를 위한 자원 생산성의 중요성에 얼마나 많은 고객이 관심을 가지고 있을까?

잘못된 궤도 위에 선 혁신?

2006년 3월, 독일 하원은 250억 유로를 예산에 추가하기로 결정했다. 이 자금의 상당 부분은 보다 많은 혁신을 선도하는 연구에 혜택을 주자는 것이었다. 현재, 독일은 1인당 특허 출원 건수에서 유럽연합 회원국 가운데 선두에 서 있는 세 나라 가운데 하나이다. 이는 좋은 뉴스이다. 특허는 혁신 없이는 불가능하다. 말 그대로, 혁신은 기술을 선도하는 다른 나라들과 경쟁하는 데 필요한 자본의 일부이기 때문이다.

옛날부터 정치·사회적 우선순위는 혁신의 초점에 영향을 끼쳐왔다. 정치·사회적 우선순위는 사회적 금기와 두려움, 희망에 따르고, 사회적 관습의 거울 노릇을 하면서, 삶을 위협하는 상황이 새로운 해법을 강제하지 않는 한 변화를 주저한다. 최근 유전자조작 생물체GMO에 대한 논란 이후, 우리는 혁신을 지향하는 연구에도 금지사항이 있다는 점을 알게 되었다.

나는 현재의 혁신이 미래를 가진 미래를 향한 추세를 어느 정도로 보여줄 수 있을지 궁금했다.

그림 19는 내가 발견한 것을 보여주고 있다. 선진국(유럽연합)에서 혁신과 특허 출원 간의 상관관계를, 영향을 받는 국가들(표 4)에서 특허 출원과 비재생 자원의 1인당 연간 소비의 상관관계로 대체했을 때, 왼쪽에서 오른쪽 위로 거의 일직선을 그리며 올라가는 선이 그어진다.

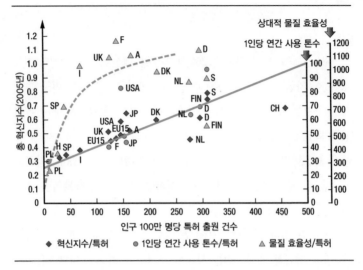

그림 19 왼쪽에서 오른쪽으로 올라가는 실선은 유럽연합 25개국(EU25)과 미국·일본·노르웨이·스위스의 총 혁신지수(y축)와 인구 100만 명당 특허 출원 건수(x축)를 보여준다. 이 추세는 목록에 선정된 국가들에서의 1인당 연간 비재생 천연자원 소비와 거의 동일하다. 이는 한 국가의 혁신 강도가 자연 소비의 감소로 나타나지 않는다는 것을 시사한다.(자료 : Eurostat)

천연자원의 소비량은 혁신 역량을 정확하게 따르는 것이 분명하다. 특허 출원이 많을수록, 이들 국가에서 1인당 자연 소비는 더 많다!

결과는 역설적인 것처럼 보인다. 오늘날 혁신이 적으면 적을수록, 생태계에는 더욱더 좋은 일이라고 냉소적인 결론을 내릴 수도 있을 것이다. 그러나 현실에서 오늘날의 혁신은 지속가능성과는 전적으로 분명히 다른 목표를 갖고 있다. 오늘날의 혁신이 여전히 1차적으로 노동 생산성(즉 기계의 생산성) 향상에 맞춰져 있다는 점은 놀랍지 않다.

영향받는 국가들에서 연간 특허 출원에 대한 물질 효율성의 그래프를 그려보면, 그림에서처럼 왼쪽 아래에서부터 위로 올라가는 곡선(점선)이 그려진다.

나는 이런 상관관계를 보다 면밀하게 분석하려는 통계학자의 노력이 가치가 있다고 믿는다.

특정 목표를 가진 혁신에 금융 지원을 제공할 때, 경계 조건 boundary condition을 엄밀하게 지정해 주는 것이 아주 중요하다는 점은 분명해 보인다.

나에게 생태 혁신■은 참신하고 가격 경쟁력이 있는 제품과 가공 과정, 시스템, 서비스 그리고 절차의 창출을 의미한다. 이때 이것들은 인간의 욕구를 충족해 주고, 산출 단위당 천연자원(에너지원과 지표 면적 포함)을 수명 주기 내내 최소한도로 사용하고 독성 물질은 최소한도로 배출하면서도 모든 사람에게 양질의 삶을 가져다줄 수 있어야 한다.(유럽연합이 채택한 EUROPE INNOVA, Final Report for Sectoral Innovation Watch, May 2008 참조)

이 분야에서 입증할 수 있는 성공을 거둔 능동적인 기업만이 스스로 생태 산업■의 일원이라고 생각할 수 있을 것이다.

아헨 시나리오Aachen Scenario

에른스트 울리히 폰 바이체커와 나, 그리고 몇몇 사람이 15년 전부터 줄기차게 주장한 것이 하나 있다. 임금 관련 제경비 overhead를 노동에서 천연자원으로 옮겨서, 지속가능성을 향한 혁신을 위해 경제적 인센티브를 창출하자는 아이디어가 그것이다.

게다가 자원에 들어가는 비용에서 평균적으로 최소한 20퍼센트가 그 회사의 작업 결과(제품)를 시장에 내놓는 데 불필요한 것들이다. 이 점에 대해 우리는 100곳 이상의 중소기업과의 실무적 토론을 거쳐 확신을 얻었다.

그리스의 재무 장관을 지낸 야니스 팔레오크라사스 Yannis Paleocrassas 유럽연합 환경 담당 집행위원은 1999년 초 국제 팩터10 클럽을 위해 쓴 논문에서 그런 급진적인 방향 전환이 비현실적인 꿈만은 아니라는 점을 상세하게 밝힌 바 있다. 민간 '아헨재단'의 재정적 지원을 받은 독일 오스나브뤼크 대학의 베른트 마이어 Bernd Meyer (지속가능성 시리즈 『경제성장과 환경 보존, 둘 다 가능할 수는 없는가』의 저자)와 동료 연구자들은 독일에서 자원 비용을 20퍼센트 절감할 경우의 경제적 결과를 추적할 목적으로 지난 3년간 시뮬레이션 연구를 진행해 왔다. 마이어 교수는 자신의 INFORGE 모형(INterindustry FORecasting GErmany; 거시 경제와 미시 경제인 산업 부문 및 재화 거래와 노동시장 등을 포함하는 산업 거시 경제 일반 균형 모형—옮긴이)을 PANTA RHEI 모형(환경 경제 모델)과 결합시켜 이 연구에 이용했다. 부퍼탈연구소의 슈테판 브링게추는 총물질 흐름TMF과 관련된 필요한 데이터를 제공했다. 무엇보다도, 이 연구는 이러한 발전이 독일 경제의 경쟁력과 새로운 일자리 창출, 그리고 국가 예산의 발전에 어떤 영향을 끼치는지에 초점을 맞추었다. '아헨 시나리오'로 알려진 연구 결과는 책으로 출판됐다.

다음 단계로, 베른트 마이어는 아래와 같은 질문으로 연구 분야를 확대했다. 비용 중립적으로, 소득에 대한 과세 대신에 점진적인 물질 투입세를 제정할 경우, 그 효과는 무엇일까? 자원 투입 비용의 20퍼센트 절약이 2006~2016년에 실현될 것으로 가정하고, 조세이동tax shift 옵션은 2011~2020년 실현될 것으로 가정했다. 시뮬레이션에서 세금 이동은 물질 투입에 대해 연간 톤당 1유로로 정하고, 소득세는 동일한 액수(2016년에 160억 유로, 즉 2001년 소득세의 약 10퍼센트)가 줄어드는 것으로 가정했다. 이 시뮬레이션에서는 에너지원이나 물은 고려하지 않았다.

결과는 국내총생산이 1퍼센트 이상 증가하는 것으로 나타났다. 2016년 연간 800억 유로의 세수가 증가해, 국가 예산이 지속적으로 안정되고, 산업 부문에서는 1600억 유로가 절약된다는 추가적 결과가 나왔다. 또 100만 개 이상의 새로운 일자리가 창출되고, 서비스 부문으로의 두드러진 흐름을 기대할 수 있었다. 이로 인한 탈물질화는 18퍼센트로 계산되었다.

마이어의 결과는 독일 경제 상황을 개선하기 위해 현재 논의되고 있는 방안 가운데 하나로, 다른 모든 옵션을 분명히 넘어선 것이었다. 마이어는 또 독일 경제 통계에 잡히는 쉰아홉 개 경제 부문 가운데 예상되는 탈물질화에 가장 기여할 수 있는 부문이 어느 것일까라는 질문에 대해서도 연구했다. 이를 위해서, 마이어는 쉰아홉 개 경제 부문을 약 3,500개의 자원 고리 resource links 로 분류해, 모든 분야에서 미세한 자원 감소의 영향에 대해 시뮬레이션을 실시했다.

마이어는 이를 통해, 열여섯 개의 고리에서 모든 가능한 절약의 50퍼센트를 얻을 수 있고, 마흔 개의 고리에서 탈물질화 시뮬레이션을 거의 100퍼센트 달성할 수 있다는 놀라운 결과를 얻어냈다. 이런 차이는 조세 이동의 합리적인 설계를 위해 상당히 실질적인 중요성을 갖는다.

우리는 여전히 정보가 부족하다

앞서 언급한 시뮬레이션에서 놀라울 정도로 긍정적인 거시 경제적 결과를 얻어냈다. 이는 실질적으로 보다 넓고 깊이 있는 후속 연구에 고무적인 영향을 줄 것으로 보인다. 추가적 연구에 대해 최소한 부분적으로라도 공적 자금의 재정 지원이 이루어져야 한다.

마이어가 지금까지 연구했던 것보다 훨씬 큰 규모의 조세 이동 결과를 조사하기 위해서는 보다 확대된 연구가 진행되어야 한다. 물과 에너지원도 시뮬레이션에 포함되어야 한다. 독일에서 물 소비는 1인당 연간 약 500톤에 달하고, 이 가운데 70퍼센트는 농업 부문에서 소비된다. 독일의 물 공급은 주로 국가 통제 아래 이뤄지고, 소비량의 광범한 계량이 적용된다. 경제적 신진대사의 큰 부분을 책임지는 앞서 언급한 마흔 개의 고리에 추가해, 천연자원의 생태적 배낭도 과세되어야 할 것이다.

카르눌 후보 옵션들Carnoules Potentials

자원 생산성 향상을 촉진하기 위한 다른 옵션은 많다. 이들 추가적 옵션은 때로 '카르눌 후보 옵션들'(프랑스 프로방스 지방의 작은 도시 카르눌에서 1994년 유럽 국가들과 미국·일본 등 12개국이 국제 팩터 10 클럽을 시찰한 데 이어 1997년 팩터10연구소가 설립되었다. 이 연구소의 소장은 이 책의 저자인 프리드리히 슈미트-블레크가 맡고 있다.—옮긴이)이라고 불리며, 다음과 같은 내용을 포함한다.

1. 천연자원 절약을 목적으로 사회적·제도적·생태적·경제적 혁신을 창출하는 데 도움이 될 수 있도록, 연구와 개발을 위한 민간 및 공공 우선순위의 방향을 전환해야 한다. 내 생각에는 지금도 여전히 로봇공학을 포함해 노동 생산성 향상을 위한 기술 개발에 너무 많은 강조점을 두고 있다.

2. 자원 생산성 향상에 도움이 되는 정보와 데이터를 정교화하고, 지속적으로 업데이트하며, 이용 가능케 해주는, 공개적으로 접근 가능한 기관의 설립이 필요하다. 이들 정보와 데이터에는 생태적 배낭,

MIF, MIPS, TMF 등이 포함된다. 이들 기관은 재화와 서비스의 투명한 가격 표시를 모니터할 수도 있다.

3. 모든 분야에서의 자원 생산성에 대한 이론적 이해를 증진할 뿐 아니라, 측정에 쓸 지표와 방법론을 포함해 수명 주기 전반에 걸쳐 실질적 개선을 이루기 위해 교육과정을 개발하고 강의를 개설하고, 이들을 신속하게 도입해야 한다. 이는 교육의 모든 분야와 수준에 적용된다.

4. 국가적·지구적 차원에서 다양한 경제 부문의 자원 생산성 향상에 관해서뿐 아니라, 제품·차량·건물·인프라·서비스 면에서 최고 성과를 거둔 시례에 관한 실시간 데이터와 정보를 언론에 일상적으로 공개해야 한다.

5. 시스템 탈물질화의 특별한 성과에 대한 기존의 포상에 추가해, 많은 상금(100만 유로 수준)을 내건 국제적 상을 제정해 해마다 발표하고 시상해야 한다.

6. 독일과 유럽연합 내에서 발생하는 자원 흐름에 관해 독일과 유럽연합 차원의 규범과 표준을 재검토하고 적절한 재조정이 이루어져야 한다.

7. 자원 소비를 촉진하는 모든 보조금을 신속하고 과감하게 줄여나가야 한다.

8. 자연에서 자원을 공짜로 추출하는 모든 기업과 개인에게 세금을 부과해야 한다.

9. 보증 기간이 매우 긴 제품을 제공하고, 제품 판매를 제품 임대

로 전환하고, 보다 많은 서비스를 제공하는 데 대한 인센티브 제도를
도입해야 한다.

10. 높은 자원 생산성을 가진 재화와 서비스에 특혜를 주는 공공
조달 규정을 마련해야 한다.

11. 소비를 조장하고, 과장 또는 왜곡의 소지가 있는 광고에 세금
을 부과하고, 생태적 성과를 보인 활동에 대해선 1퍼센트 비율의 인
센티브를 주어야 한다. 이로 인한 수입은 지속가능성에 접근하는 데
기여하는 방향으로 사용되어야 한다. 특히 자원 생산성을 향상시키
는 방향으로 광고의 내용을 수정·보완하는 데 사용되어야 한다.

내일에 대한 투자

가격이 생태적 진실을 말해 주지 않는다면, 수익은 어떤가? 지금
까지, 가격은 통상적으로 생태적 진실을 말해 주지 않았다. 장기적
으로, 이는 수익뿐 아니라 전체 금융시장에도 리스크가 되는 결과
로 나타날 수 있을 것이다. 투자자들이 지속가능한 경영관리의 맥락
에서 수익을 주시해 본다면, 확실히 미래의 포트폴리오 리스크 관리
는 오늘날 우리가 알고 있는 것과는 매우 다를 것이다.

금융시장의 업무는 미래의 리스크를 예측하고 이를 바탕으로 투
자를 결정하는 것이다. 따라서 '생태적 리스크를 고려하는 경우, 무
엇이 투자를 위한 공정 가격이 되어야 하는가'가 중요한 질문이 될
것이다. MIPS 개념의 관점에서 본다면, 이에 대한 대답은 분명하다.

기능적으로 동등한 제품의 자원 생산성이 높으면 높을수록, 그 제품의 생태적 배낭은 더욱더 줄어들고, 생산자의 활동은 더욱 지속가능하게 된다. 하지만 불행하게도 이 지표에 필요한 데이터를 아직도 충분히 구할 수 없다. 그러나 투자는 가능한 한 미래지향적으로 이루어져야 한다. 그렇다면 무엇을 해야 할까?

대부분의 투자자들은 기후 변화와 그 리스크가 현실이라는 사실을 깨닫게 되었다. 독일에서 화석연료의 소비(이산화탄소 배출 톤수)는 경제적 목적으로 사용된 총 자원의 적어도 10퍼센트 정도를 차지한다. 대부분의 제품이 종종 전기라는 형태로 화석연료를 소비하기 때문에, 이산화탄소는 제품의 최종 사용과 연계되어 있다.

따라서 금융시장이 보다 '공정한' 가격을 산정하기 위해 기후 변화와 연결된 리스크에 대한 예측을 시도하는 것은 합리적일 것으로 보인다. 놀랍게도 일부 행위자들은 실제로 이런 시도를 이미 하고 있다.

스위스 취리히에 있는 국제투자회사 SAM 그룹Sustainable Asset Management Group이 좋은 예이다. 이 회사의 연구 책임자인 알로이스 플라츠Alois Flatz는 다우존스지수와 협력해 '지속가능성 지수' 또는 '다우존스 지속가능성 지수'Dow Jones Sustainability Index; DJSI를 최초로 개발했다. 이 지수는 이산화탄소 배출과 관련해 세계적 기업 가운데 상위 10퍼센트 기업의 성과를 측정한다. DJSI의 분석 틀 안에서, 세계 300대 기업의 이산화탄소 배출이 확인되었다. 금융 통계에 추가해, 투자와 연계된 환경적 리스크에 대한 초기 결론을 도출하기 위해 이 데이터를 사용하는 월스트리트의 다른 행위자들도 늘고 있다.

지금까지의 결과는 유망해 보인다. 이산화탄소 배출의 지속가능성 측면을 통합한 대부분의 투자 상품은 전통적인 투자 상품보다 실적이 좋았다. 예를 들어, 집계를 시작한 1994년 이후 DJSI는 벤치마크가 되었던 모건스탠리의 MSCI 지수보다 19퍼센트나 실적이 좋았다.

제품별 자원 집중도 분석이 가능해지기 전에, '지속가능성 지수' 개선을 향한 다음 단계는 매출 단위 또는 종업원 수에 대한 기업의 물질 투입의 산정이 될 수 있을 것이다. 기업 간의 차별화를 개선하기 위해, 물질 투입의 생태적 배낭도 계산에 포함되어야 한다. 그렇지 않다면, 예컨대 정보통신 제조 기업이나 부동산업자들은 '생태적 진실'이 보증하는 것보다 훨씬 더 유리한 것으로 나타나게 될 것이다.

유럽의 역사적 기회

이 책 말미에서, 감히 내가 품고 있는 가장 큰 꿈을 이야기해 보고자 한다. 계속 늘고 있는 세계 인구 모두에게 사회보장과 복지를 제공하는 일은 21세기의 가장 중요한 도전이다. 천연자원의 충분한 가용성과 접근성, 그리고 사회적 안정, 경제적으로 적절한 환경이 갖춰져야만 지속가능한 복지가 가능하다. 이런 발전을 이루기 위해서는 포괄적인 생태 혁신이 요구된다. 이는 인류에게 최대의 투자 기회가 될 것이다.

상대적으로 적은 수의 사람만이 충분한 정도 이상의 천연자원을
이용할 수 있다. 반면, 다른 수십억 명의 사람들은, 미래에 기본적
필요를 충족하고 인간적 존엄성을 지키기 위해 추가적으로 자원이
필요하다. 그러나 동시에 지구는 이미 과도하게 착취당했다. 토양 침
식, 종의 감소, 기후 변화, 극심한 기상 이변, 전 대륙에 걸친 물 부
족, 바닷물 속의 금속과 화석 탄소, 탄수화물 성분의 부족 등은 오
늘날에도 측정 가능한 그 결과들이다.

그러나 이는 결코 환경에 국한된 이야기만이 아니다. 중장기적으
로, 천연자원의 절약은 경제를 발전시키기 위해 필요한 천연 원료
의 공급을 확보하는 데 가장 중요한 길이기도 하다. 경제적·사회적·
생태적 관점에서뿐 아니라, 평화와 안보를 위한 국제적 책임에 비춰
볼 때도, 가능한 한 최대로 자원 생산성을 높이는 일은 필요하다.

미래가 있는 미래를 갖고자 바란다면 경제는 기술적으로 가능한
만큼, 그리고 지금까지 일어난 것보다 훨씬 광범위하고 훨씬 신속하
게 천연자원과 탈동조화해야 한다. 그리고 가능하다면, 이런 일이
이미 달성된 복지 수준을 위험에 빠뜨리지 않도록 해야 한다.

유럽연합의 '리스본 전략'(유럽연합 정상들이 2000년 3월 포르투갈
리스본에서 2010년까지 유럽연합을 세계에서 가장 경쟁력 있는 경제체
제로 만들기 위해 채택한 경제개혁 전략—옮긴이)과 유럽연합의 '지속
가능한 발전 전략'은 전 세계 경제 발전을 위해 효율적인 자원 사용
의 핵심적 역할을 지적하고, 유럽연합이 국제적인 리더십의 역할을

맡아야 한다고 강조했다. 유럽연합의 조제 마누엘 바호주José Manuel Barroso 집행위원장은 최근 "유럽연합을 세계에서 에너지와 자원을 가장 효율적으로 사용하는 지역으로 만드는 일은 혁신을 몰아붙여, 일자리를 창출하고, 경쟁력을 강화하며, 환경을 개선할 것"이라고 말했다.

지속가능한 번영과 복지, 사회보장에서의 인간 존엄이라는 결과를 바란다면, 전체론적인holistic 정책이 필수적이다. 다른 차원의 지속가능성에 대한 우려들을 실제로 어떻게 한데 모으고, 그에 대한 결정을 어떻게 끌어낼지에 대한 전체 그림을 정치 영역에서는 아직 찾아낼 수 없다. 내용이나 제도적 틀 측면에서 미래를 향해 나아가는 길은 확정되지 않았다. 경제문제와 사회문제, 소비, 연구, 기술, 금융, 정의, 개발, 국내 문제, 환경보호 등을 위해 정부 부처가 제시하는 사안들은 지속가능한 결정이 공식적으로 정해지는 순간 동시에 같은 정도로 영향을 받는다. 결국 국가수반만이 이에 대해 책임을 질 수 있다.

지속가능성은 경제적 영역에서든 생태적 영역에서든 또는 사회문제 영역에서든 오늘날 직면한 도전을 미래 세대에게 떠넘기지 않고 지금 대응하는 것을 의미한다. 아직까지 우리는 미래를 위해 실행 가능하고 통일되고 조화로운 정책을 창출하는 데 성공하지 못했다.

유럽에서 발생한 많은 전쟁과 그것들이 남긴 폐허에 대한 기억은 사라져버린 것처럼 보인다. 젊은 세대들은 통일된 평화로운 유럽이 당연한 것이라 간주한다. 이에 따라 미래를 위한 전략적 의사 결정에 관해 특별한 노력이나 참여가 요구되지 않는 것처럼 여긴다.

유럽 헌법의 실패와 많은 사람이 유럽에 대해 보여주고 있는 이상 스러울 만큼 냉담한 태도가 미래를 위한 위임명령이라고 받아들여야 한다. 즉 지구적 지속가능성에 마지막 기회를 제공할 목적에서 유럽의 미래에 투자하도록 미래 생존가능성과 지속가능성을 위한 전략에 위험을 무릅쓰고 도전케 하는 위임명령인 것이다.

유럽이 할 수 있는 새롭고 획기적인 도전은 생태 사회적 시장경제를 고안하고 그것에 생명을 불어넣는 일이다. 시장의 힘을 사회적으로 책임 있게 이용하는 시스템은 자유롭고 평화로운 세계에서 지속가능성을 가능하게 만들 것이다. 그런 성공은 다른 시스템을 위한 사례로 역할을 할 수 있을 것이다. 이는 금욕, 강제 또는 교만의 전략이 아니라, 자연의 보물을 아껴가며 사용하는 모든 이가 스스로 개인적 책임에 따라 행동할 수 있게 하는 길이 될 것이다. 이 길은 생명과 복지, 인간 존엄을 보호하고, 모두의 사회보장뿐 아니라 행복과 일자리를 제공한다. 물론, 언론의 자유와 모든 이를 위한 정의뿐 아니라 폭력의 억제 또한 이러한 미래의 특징이다. 누구나 이런 목표에 자발적으로 따라야 할 것처럼 느껴야 한다. 이런 목표를 기준으로 적합성과 투명성, 그리고 정부와 경제 부문에 대한 장기적 신뢰성을 판단하게 될 것이다.

유럽은 이 길을 따라 성공적으로 앞으로 나아가기에 충분한 긍정적이고 부정적인 역사적 경험을 되돌아볼 수 있다. 지구적 수준에서 설득력 있는 사례를 만들어낼 만큼 유럽은 경제적으로 충분히 강력하다. 유럽 대륙의 문화적·경제적·기술적 성과가 미래가 있는 미래를 위한 최상의 가능한 토대를 제공해 줄 것이라는 점을 의심할 사람은 아무도 없을 것이다.

이 전략에 대한 모든 유럽연합 회원국의 적극적인 지원은 유용하기는 하지만, 처음부터 반드시 필요한 것은 아니다. (노르웨이와 스위스까지 포함한) 유럽의 경제적으로 강력한 모든 동맹은 미국이 전 세계적으로 테러 공격에 맞서 싸울 때 보여주었던 수준의 결의를 보이면서 정치적 차원에서 이런 전략을 촉진할 수 있다.

특히, 핀란드가 이런 종류의 이니셔티브를 이미 취했기 때문에, 유럽연합 내 최대 경제강국인 독일은 가능한 한 빨리 결정적인 조처를 취해야 할 것이다. 핀란드는 유럽연합 순회 의장국 기간인 2006년 7월 14~16일 핀란드 투르쿠에서 주최한 유럽연합 환경장관회의에서 다음과 같은 내용을 포함한 결의안 초안을 제출했다. "자원 사용이 기후, 생물 다양성, 생태계에 끼치는 부정적 영향과 경제성장 사이의 직접적 연결고리를 끊는 것이 미래의 목표가 되어야 한다. 이는 명백한 증거에 기초한 목표를 설정하고 다양한 실질적 도구를 이용함으로써 이룰 수 있을 것이다. 이런 비전은 전통적인 정책 결정 관행을 넘어서서 바라보아야 한다." 제시된 실천 계획은 생산과 소비의 탈물질화를 위한 무한한 잠재력을 언급한 것이다. 뿐만 아니라 우리의 현재 생산 경제를 지속가능하게 만드는 것이 목표라고 한다면 이것만으로는 턱없이 부족하다는 것이다. 이것 말고도 우리는 수명 주기 전반에 걸쳐 접근해야 한다. 깨끗한 공기와 깨끗한 물과 같은 생태계 서비스를 유지하는 일은 환경 정책을 새롭게 이해하는 핵심 요소로서 모든 정책 분야에서 통합되어야 한다고 결의안 초안은 강조하고 있다.('생태 효율성에 대한 전 지구적 접근: 새로운 세대의 환경 정책을 향한 핀란드의 이니셔티브', www.ymparisto.fi 참조)

맺음말: 팩터10, 원료의 미래

옛 정책과 새 정책

현재의 경제 및 환경 정책을 감안해 보면, 생명을 유지해 주는 자연의 서비스는 빠른 속도로 감소하게 될 것이다. '평소 하던 대로 그대로 한다면' 결국 지구상에 사는 우리의 삶에 의문을 던지게 될 것이다. 한편 경제적 선택은 제한적이 될 것이고, 세계 평화는 더욱 깨지기 쉬워질 것이다.

전통적인 '환경' 정책은 특정한 문제를 다루는 데 초점을 맞춰왔다. 어떤 면에서는 이 방식이 상당한 성공을 거두기도 했다. 예를 들어, 오염된 수질이 정화되었고, 위험한 제품들이 시장에서 퇴출당했다. 어떤 제품들은 재활용해 사용하게 되었고, 기후 변화의 속도가 늦춰졌다.

그러나 전통적인 문제 해결 방식은 문제의 존재를 인식한 '이후에야' 시작되는 특징이 있다. 이 때문에 이들 정책은 시스템 수준에서 도움이 되지 않는다. 일반적 의미에서 예방적이라고 볼 수도 없다. 개별적인 문제 해결 방식은 심지어 아직 발견되지 못한 문제를 더욱 악화시킬 수도 있다.

수만 가지 오염 물질과 고도로 복잡한 생태계 사이의 수백만 가지 가능한 파괴적인 상호작용 가운데 개별적으로 알려진 문제의 '환경적 비용의 내부화'(Internalization of the environmental costs, 천연자원의 활용, 오염, 쓰레기 발생, 소비, 폐기 및 기타 요소 등을 고려하여 제품을 생산하고 사용하는 데 드는 환경 비용을 시장가격에 반영하는 것—옮긴이)는 지속가능한 해법을 모색할 때에는 의존할 수 없는 방식이다.

최근 '재활용' 정책이 부활하고 있는 것처럼 보인다. 행정 관리와 실무자들은 이를 '자원 정책'이라고 부르기는 하지만 말이다. 재활용은 천연자원의 절약에 기여한다. 하지만 '배출 직전에 처리하는' end-of-the-pipe 접근 방식으로 지속가능한 조건에 도달할 수 있다는 증거는 없다. 폐기물 처리가 시작되기 '이전에' 자연의 서비스는 많은 피해를 입는다. 전형적으로, 국가적인 재활용 정책은 전체 물질 흐름의 몇 퍼센트만을 감당할 수 있다. 오늘날 독일에서는 전체 자원 흐름의 고작 1~2퍼센트만을 재활용하는 데 연간 수십억 유로의 비용을 들이고 있다.

오늘날, 자연에서 채취된 천연 원료의 95퍼센트 이상이 완성품으로 시장에 도달하기도 전에 낭비된다. 자동차와 같은 수많은 산업 제품은 사용되는 동안에도 추가로 자원을 필요로 한다.

자연의 생명 유지 서비스의 지속적인 작동과 오늘날 경제활동 사이의 불일치를 낳는 '시스템적인 근본 원인'을 제거해야 할 때가 다가왔다. 자연의 생명 유지 서비스가 없었다면, 인간은 생존할 수 없었을 것이다. 지금이야말로 지구상에서 생존하기 위해 진정한 '피해 예방 전략'을 실행에 옮겨야 할 때이다.

오늘날, 인간 활동의 근본적이고 물리적인 결함은 가치 또는 서비스의 산출 단위당 천연자원을 엄청나게 소비한다는 점이다. 모든 재생 가능하거나 재생 가능하지 않은 원료, 가축, 종의 다양성, 물, 토양, 토지 이용에서 이를 목격할 수 있다.

지속가능성의 핵심 열쇠는 에너지 발전을 포함한 모든 경제활동의 자원 생산성을 근본적으로 높이는 것이다.

이 점은 당연한 것처럼 보일 수도 있다. 그럼에도 불구하고, 인간이 만들어낸 탄소 물질과, 비료 생산을 위해 공기 중의 질소 수백만 톤을 기술적으로 고정함으로써 배출한 많은 양의 산화질소의 결과가 바로 기후 변화라는 점을 반복해서 언급할 가치가 있다.

1990년대 중반 이후, 지속가능성에 성공적으로 접근하기 위해 서구 생활 방식에서 절댓값으로 평균 '최소 10배의 탈물질화'가 이루어져야 한다는 인식이 널리 확산되기 시작했다. 이후 '팩터4'(1/4로 줄이기)■가 제안됐지만, 팩터4만으로 지속가능한 조건을 만족시킬 수는 없다.

오늘날, 우리는 환경 안전의 문턱을 이미 넘어섰다. 기후 변화, 광범위한 기아와 물 부족, 사막화, 질병의 확산, 만연한 질병, 대규모 침식과 같은 상황이 발생하고, 허리케인과 홍수 같은 자연재해가 잦아진 것도, 이 점을 더욱 분명하게 보여주고 있다. 그리고 인류의 약 20퍼센트만이 우리 경제 모델의 모든 혜택을 누리고 있고, 그 나머지 모든 사람들, 특히 가난한 사람들은 이 결함의 결과로 인해 고통받고 있다.

그러나 자연의 남용으로 인한 생태적 문제점을 무시한다고 하더라도, 서구적 생활을 세계화하는 데는 자원 기지로서 두 개 이상의 행성이 필요할 것이다. 이 때문에 서구적 생활 방식의 세계화는 가능한 일이 아니다. 천연 원료의 가격이 급격히 상승하고 있다는 사실이 이를 입증해 주고 있다.

내일을 위한 기술

최근 유럽연합의 생태 혁신 패널은 앞에서 본 연구 결과를 정책 개발의 일반 지침으로 삼기 위한 방안으로 다음과 같은 결론을 내렸다.(이 책의 7장과 EUROPE INNOVA SYSTEMATIC, technopolis group, 'Eco-Innovation,' Final Report, 2008 참조)

생태 혁신은, 인간의 욕구를 만족시키고 수명 내내 산출 단위당 자원(에너지원을 포함한 원료와 지표 면적)의 사용을 최소화하고 독성 물질을 최소로 배출하면서 모든 사람에게 양질의 삶을 안겨줄 경쟁력 있는 가격이 책정된 새로운 재화, 가공 과정, 시스템, 서비스, 절차의 창출을 의미한다.

이는 전통적인 '환경 기술'에 지금처럼 의존하는 것만으로는 더이상 충분치 않다는 점을 시사한다. 기존 기술을 점진적으로 개선함으로써 자원 생산성이 2배에서 4배 증가한 사례들은 많다. 그러나 생산과 소비를 자연으로부터 충분히 분리하기 위해선 인간의 욕구를 충족해 주기 위한 새로운 시스템, 재화, 서비스, 가공 과정, 그리고 절차가 필요하다. 그런 새로운 해법 중의 하나가 연을 이용해 화물선을 운항하는 독일 스카이세일스사의 기술이다. 이는 5만 개의 화물 컨테이너를 수송하는 데 60퍼센트까지 연료를 절약할 수 있는 잠재력을 가진 기술이다. 이 기술은 비용 면에서도 경쟁력이 있다. 또 다른 해법으로는 자체 표면 정화 능력을 갖는 연잎의 특성을 모방해 신소재를 개발하는 것도 있다. 그런 해법들에 힘입어 미래의 시장이 열리게 될 것이다.

아직 산업화되지 않은 국가의 발전은 탈물질화된 해법 없이는 불가능하다. 수출 상품과 청사진, 그리고 서비스를 포함한 모든 경제적 수준에서 기업의 성공도 최대의 자원 생산성을 얻으려는 노력 여하에 달려 있다. 즉 에너지원을 포함한 천연 원료를 가공 처리하는 이들로부터 독립을 달성할 수 있느냐, 천연자원에의 접근을 둘러싼 무력 분쟁을 방지할 수 있느냐에 달려 있다는 이야기이다.

원료의 생산성 증대와 침식의 축소, 토지의 최적 이용은 지속가능성을 향해 나아가는 데 필요한 일이다. 하지만 유일한 조건은 아니다. 복지는 물질적 부와 소비만이 아니라, 그 이상이다. 복지는 고용, 적정 소득, 재산, 교육, 건강, 안전(폭력으로부터 자유), 환경 미학, 사회보장, 그리고 여가 같은 요소까지 포함한다.

지속가능성의 목표와 적합한 지표들

시민사회를 위한 새로운 가치를 창출하기 위해서는 정해진 시간에 맞춰 목표를 설정할 필요가 있다. 가능하다면, 진전 상황을 관리할 수 있도록 측정 가능한 물리적 시간 안에 이러한 목표들을 설정해야 한다. 가치 창출이 천연자원을 요구하는 정도에 따라, 자연의 법칙을 존중하는 수준에서 목표가 정해져야 한다.

자연의 서비스를 보호하기 위한 정책적 도구를 포함한 구체적인 조처들은 지리 조건과 지질 조건에 따라 달라질 수 있다. 그러나 인류에게는 살 수 있는 행성이 하나뿐이기 때문에, 공동의 자산과 그 자산의 보호로 얻어진 과실은 공평하게 분배되어야 한다.

다음의 지구적 목표는 2050년을 목표 연도로 정한 연구에서 제안되었다.

- 1인당 생태발자국footprint은 1.2헥타르를 넘어선 안 된다.
- 비재생 자원의 1인당 소비는 연간 5~6톤 이하로 정한다. 이 목표를 달성하기 위해서 선진국들은 자원 효율성을 엄청나게 높여

야 한다. 예를 들어, 독일에서 지금부터 팩터10을 시작해야 한다. 이를 위해선 절대적으로 자원 생산성이 매년 약 5퍼센트씩 향상되어야 한다. 미국은 자원 사용을 15분의 1로 줄이고, 핀란드는 20분의 1로 줄여야 한다.

이들 목표를 달성하기 위해서는 추가적인 논의가 필요하다. 선진국들이 위와 같은 탈물질화를 달성한다면, 발전도상국들은 그만큼 천연자원의 사용량을 늘릴 수 있을 것이다. 이로써 발전도상국들은 지구적인 지속가능성에 대한 전반적인 목표를 위험에 빠뜨리지 않고서도 자국민들의 삶의 질을 개선할 수 있을 것이다.

측정 기준 없이 시스템을 관리하기란 불가능하기 때문에, 우리는 적정 지표에 대해서 합의를 마련해야 한다. 이들 지표는 여섯 가지 기준을 충족해야 한다. 첫째, 측정 가능한 수량을 기준으로 해야 한다. 둘째, '요람에서 무덤까지'라는 기준에 대부분 적용 가능해야 한다. 셋째, 방향성이 있어야 한다. 넷째, 이들 지표를 적용함에 있어 비용 효율적이어야 한다. 다섯째, 과학적 증거와 앞서 정의된 생태 혁신과 같이 널리 수용된 지침에 근거해야 한다. 여섯째, 자연의 법칙을 존중하고 관련이 있어야 한다.(예를 들어, 경제적 지표는 국내총생산의 기존 수치 이상이 되어야 한다.)

지속가능성의 생태적 차원과 관련해, 총물질 요구TMR, 요람에서 무덤까지 서비스 단위당 물질 투입MIPS, 생태적 배낭(요람에서 판매 시점까지 제품을 제조하는 데 들어가는 총물질 투입의 킬로그램 수. 여기에서 제품 자체의 킬로그램 단위 무게는 제외)의 계산과 측정은 이런 요구 사항을 충족해야 한다. 추가적으로, 무게 단위당 가치, 산업 제품의 무게 단위당 노동력 투입은 초기 지표로 제안되어야 한다. 더 나아가 지속가능성의 제도적·사회적·경제적 차원에서의 진전과 관련해, 자원의 의미가 반영된 지표를 개발할 필요가 있다.

경제정책

충분히 자원 효율적인 경제를 유인할 인센티브나 정책은 현재까지 존재하지 않는다. 그래서 경제적·재정적 뼈대를 조정하는 일은 지속가능성을 향해 나아가는 데 가장 근본적이고 긴급하게 달성해야 할 선결 조건이다.

이런 변화를 위해, 환경 세제 개혁과 같은 경제적 도구와 배출권 거래 허가와 같은 시장 창출 정책이 훨씬 더 선호되고 있는 것처럼 보인다. 예를 들어, 부가가치세제 대신 최종 사용재가 생산되기 전에 천연자원 사용에 과세하고, 이에 따라 노동에 대한 과세는 낮추는 것이 효율적일 수도 있다. 그러나 시장의 실패 때문에, 경제적 도구가 모든 경우에서 작동하지는 않을 수도 있다. 그렇기 때문에, 규칙과 표준을 조정하는 정보 및 조직 수단과 지휘 통제 메커니즘과 같은 다른 도구와 조처를 고려해야 할 것이다.

정책적 옵션의 선택은 비용을 가능한 한 최소로 시민사회에 부담시키면서 제품과 서비스를 탈물질화할 수 있는 효율성에 달려 있다.

오늘날, 재화와 서비스의 공공 조달은 최종 소비의 약 15~20퍼센트에 이른다. 탈물질화된 상품과 인프라 및 서비스에 대한 선호는 제조업 부문에서 자원 생산성을 향상시킬 수 있는 강력한 인센티브이다. 특히 독일에서는 이 점이 매력적인 옵션이 될 수 있다. 산출에 부정적 영향을 주지 않고 자원 투입 생산의 약 20퍼센트를 평균적으로 절약할 수 있음이 입증된 바 있다.

모든 수준에서 교육과 훈련을 개선할 뿐 아니라 관련 정보의 공공 접근성을 증대시키는 것이 진보적 전략의 일환으로서 중심 역할을 할 것이다. 이에 대한 합의가 시민사회에서도 나타나기 시작했다.

지속가능성에 접근하기 위한 기초 정리

1. 현재의 주류 경제 모델에서 핵심적 결함은 천연자원의 생산성을 높이기 위한 인센티브가 부족하다는 것이다.

2. 이런 결함은 현재의 자원 사용률 때문에 위험한 상황을 만들고 있다.

　- 자원의 기지로서 적어도 두 개의 행성이 필요하기 때문에 이모델은 세계화될 수 없다.

　- 보다 가난한 나라들이 공평한 발전을 할 수 없다.

　- 국제 분쟁의 발발 가능성을 높인다.

　- 천연자원의 혜택을 많이 받는 국가들에 의존하는 국가들이 늘고 있다.

- 자연의 서비스를 고갈시킬 수 있다. 자연의 서비스가 없다면 인류는 생존할 수 없다.

3. 상황을 개선하기 위해 각국 정부가 수립할 수 있는 정책 가운데, 탈물질화와 일자리 창출을 동시에 가져다주는 경제적 도구에 대한 선호가 대두되고 있다. 특히 세금과 간접세의 대상을 노동에서 천연자원으로 전환해야 한다.

4. 앞으로 몇십 년 동안, 천연 물질 자원 사용의 생산성은 현재 서구 국가들에서 이루어지는 자원 소비와 비교해 적어도 10배는 개선되어야 한다.

5. 탈물질화 기술을 개발해 에너지의 무진장한 원천으로 갈아탐으로써, 화석 에너지원의 사용을 가능한 한 빠른 시일 내에 중지해야 한다.

6. 측정 가능한 용어로 표현된 지속가능한 가치 생성을 위한 목표가 미래를 가진 미래로 향한 진전을 모니터하고 관리하는 데 필요하다.

7. 자원 절약과 관련된 지표들은 생태적·경제적·사회적·제도적 발전을 모니터링하는 데 맞춰져야 한다.

8. 새로운 기술적·사회적 발전이 뿌리를 내리기 위해선 10~20년이 걸리기 때문에, 탈물질화는 당장 시작되어야 한다.

9. 단일 국가는 필요한 변화를 만들어낼 수 없다. 그러나 역사적 경험과 경제력, 그리고 기술력을 가진 유럽은 인류를 보다 밝은 미래로 인도할 현실주의적 기회를 갖고 있다.

용어 설명

가공 과정 process 투입을 적어도 한 가지 이상의 산출로 의도적으로 변형하는 절차 또는 기술. 예로 성형 금속 철판, 화학품, 또는 회화 작품을 들 수 있다.

공기 air 화학적 또는 물리적 특성이 변화된 경우에는 MIPS 개념에 포함된다.

기본 물질과 건축 물질 basic materials and building materials 가공 과정에서 이용되는 물질이나 자재. 예를 들면, 철강, PVC, 유리 등이 있다.

기술계 technosphere 천연자원을 이용하는 인류 및 기술적 수단에 의해 만들어진 삶의 영역.

나노그램 nanogram 측정 단위. 나노는 '10억 분의 일'을 의미한다.

노동 생산성 productivity of labor 이 책에서는 주어진 노동량으로, 즉 주어진 수의 인력이 주어진 시간 안에 업무상 기술을 사용해 생산할 수 있는 제품과 서비스의 양을 나타내기 위해 이 용어를 사용했다. 따라서 노동 생산성은 작업 시간과 작업 인원당 생산된 제품이나 서비스의 양이다. 생산성은 효율을 증대함으로써 높일 수 있다. 즉 가용 생산 수단이 최적의 방식으로 이용된다면 가능하다. 그러나 원칙적으로 노동 생산성을 큰 폭으로 높이기 위해서는 전적으로 새로운 생산 방법(기계, 작업 조직, 관리)을 사용해야 한다.

무생물 천연 원료 abiotic raw materials 자연에서 직접 추출한, 재생 불가능하고 아직 처리되지 않은 모든 물질을 일컫는다. 사용되지 않는 추출된 물질(예컨대, 광산 폐기물이나 지하실이나 주택을 건설하면서 출토된 물질이나 그 밖의 출토된 다른 물질 등)이 포함된다.

물질 투입 Material Input ; MI 제품 제조 또는 서비스 제공을 위해 기술적 수단에 의해 자연적 위치에서 이동 추출된 천연 원료의 총합. MI는 또한 필요한 에너지를 사용 가능하도록 만드는 데 필요한 모든 천연 원료를 포함한다. MI는 kg이나 ton으로 표시한다.

물질 투입 계수 MI factor/**물질 투입 배낭 계수** MIF 개별적인 물질(천연 물질, 기본 물질, 건축자재)에 대한 물질 집중도. 단위: kg/kg, kg/MJ(1줄(joule)은 1N(뉴턴)의 힘으로 1미터를 움직이는 일의 양. 1J = 0.24cal, 1MJ = 240Kcal).

물질 흐름 material flow MIPS 개념에서 정의된 물질 흐름은 기술적 수단에 의해 생태계와 기술계에서 이루어지는 물질의 모든 움직임을 말한다.

배출 emission 시설이나 자동차 또는 장비의 일부에서 발생하는 공기 오염, 소음, 진동, 빛, 열, 방사능 또는 이와 유사한 에너지 또는 물질 현상을 말한다.

번영 prosperity 물질적 부와 혼동하지 말아야 한다. 번영은 건강, 공포와 추방 그리고 사회적 주변화로부터 자유뿐 아니라 자기 결정의 기회, 의견 발표의 자유, 자신의 결정에 전적인 책임을 지는 한 개인 존엄의 불가침성 등까지를 포함한다.

보조 물질 auxiliary materials 과정에는 개입하지만 단지 보조적 기능만을 수행하는 물질. 예를 들어, 수지의 고른 도포와 프레스로부터의 이물질 발생 없이 잘 박리되도록 첨가하는 이형제 등을 말한다.

산출 output 가공 과정, 절차, 또는 가동의 결과로 생긴 모든 것을 포함한다. 산출은 반드시 자연 상태의 물질일 필요가 없으며, 기쁨이나 만족도 산출일 수도 있다.

생물 천연 원료 biotic raw materials 자연으로부터 직접 추출된 모든 유기물질. 예를 들어, 사료용 목초, 버섯, 나무, 어류, 야생동물, 가공하지 않은 면화 등이 포함된다.

생산성 productivity 재화 또는 서비스의 생산량. 효율은 사용할 수 있는 수단을 사용한 효과를 설명하며, 생산성은 그 결과, 즉 이런 결과를 얻기 위해 사용된 수단이 어떤 것인가에 관계없이 제품과 서비스의 산출을 측정한다.

생태계 ecosphere 인류의 자연환경.

생태계의 서비스, 자연의 서비스 services of ecosphere, services of nature 무료로 제공되며, 예외 없이 생명을 지탱하는 데 필요하다. 예를 들어, 액체 형태의 건강한 물, 호흡을 위한 청정한 공기, 비옥한 토양의 형성과 보존, 외기권의 해로운 방사선으로부터의 보호, 종의 다양성, 그리고 정자와 종자의 재생산 능력 등이 포함된다. 자연의 서비스는 기술적 방법으로 의미 있는 양만큼 만들 수 없으며, 현명하지 못한 경제활동은 지역적으로나 세계적으로 자연의 서비스에 피해를 줄 수 있다. 오늘날 생태계가 입은 피해 가운데 측정 가능한 결과에는 토양 침식, 종의 멸종, 기후 변화, 극한적 기상 조건, 모든 대륙에서 나타나고 있는 물 부족과 홍수 등이 포함된다.

생태 산업 eco-industry 미리 대책을 강구하고 검증 가능한 방식으로 생태 혁신을 수행하는 산업을 일컫는다. 법적 표준과 규범, 그리고 요구 사항을 제시하는 사업이 포함된다.

생태적 가격 ecological price 자원의 요람에서부터 판매되어 서비스를 공급할 준비가 완료된 상품이 되기까지 전체 물질 투입 또는 무게 단위로 물질이 추가된 가격을 포함한다. 이는 제품의 생태적 배낭에 제품 자체의 무게를 합한 것이다.

생태적 배낭 ecological rucksack　제품의 생태적 배낭은 요람에서 판매 시점까지의 물질 투입으로 정의된다. 에너지를 포함한 물질 투입(MI)에서 제품 자체의 무게를 뺀 것이다. 단위: kg, ton.

서비스의 생태적 배낭은 사용된 기술적 수단(예를 들어, 장비, 자동차, 건물 등)의 배낭 몫의 합계이다. 기술적 수단이 사용될 때 이용된 물질과 에너지 몫의 합계를 더한 것이다.

생태 지능적(생태 효율적 서비스) Eco-intelligent(eco-efficient) Service　기술적 수단을 이용해 가능한 최고의 자원 생산성과 가능한 최저의 유해 물질 배출을 달성함으로써 기술계 내에서 효용을 목적 지향적으로 산출해 내는 일을 말한다.

생태 혁신 eco-innovation　수명 주기 동안 산출 단위당 천연자원(에너지원을 포함한 물질)과 지표 면적을 최소로 사용하고, 독성 물질을 최소로 배출하면서 인간의 욕구를 만족시키고 모든 이에게 양질의 삶을 가져다주는 새롭고 경쟁력 있는 가격의 상품과 가공 과정, 시스템, 서비스 그리고 절차 등을 만들어내는 것을 의미한다.(유럽연합 집행위원회의 INNOVA EUROPE 보고서, 2008 참조)

생태 효율성 eco-efficiency　수명 주기 동안에 적어도 지구의 예상 부담 능력에 맞는 수준에서 점진적으로 생태적 영향과 자원 집중도를 줄이면서 인간의 욕구를 만족시키고 양질의 삶을 가져다주는 가격 경쟁력이 있는 재화와 서비스의 전달을 의미한다.(Frank Bosshardt, *Business Council for Sustainable Development*, 1991 참조)

서비스 service(기술적으로 제공된 서비스)　기술적 수단을 이용해 기술계 안에서 이루어지는 목적 지향적인 효용의 산출. 인간이 만든 모든 서비스는 기술의 사용을 필요로 하고, 서비스는 인간이나 기계에 의해 만들어질 수 있다.

서비스 단위당 물질 투입 MIPS = MI/S 기술적 수단에 의해 인간의 욕망 또는 필요(S)를 충족하기 위해 사용되는 천연 원료의 전 수명 주기 동안의 투입(MI)을 말한다.

MIPS는 필요한 물질 또는 에너지와 관련해 기능적으로 견줄 만한 재화나 서비스를 직접 비교하기 위한 견고하고 지침적으로 신뢰할 만한 지표. MIPS(= MI/S)는 '천연 원료와 에너지의 사용' 또는 효용 단위당이나 서비스 단위당 '생태 물질과 에너지 가격'을 측정하는 정량적 단위. MI는 킬로그램(또는 톤)으로 주어지고, S는 크기나 치수가 없으므로 개별 사례에 따라 엄격하게 정의해야 한다.(예, '의류 5킬로그램의 세탁' 또는 '한 사람의 1킬로미터 수송')

MIPS = 서비스 단위당 물질 투입 = 서비스 기계가 제공하는 서비스 단위를 사용하기 위한 (물질과 에너지 사용과 관련한) 생태적 총비용 = 제품 사용의 생태적 비용 = 서비스 단위당 환경이 제공하는 보조금 = 서비스의 자원 생산성을 나타내는 측정 단위.

서비스 단위당 비용 COPS ; Cost Per Unit of Service 사람 대 사람 기반으로 또는 기계에 의해 제공된 일정한 서비스(효용 또는 서비스의 정의된 단위)에 대한 금전적 비용. 예를 들면 자동 인출기에 의한 현금 인출이 있다.

서비스 단위당 지표 면적 FIPS ; Flächeninput pro Einheit Service(독일어), surface area per unit of service 필요한 지표면과 관련해 기능적으로 견줄 만한 재화나 서비스를 비교하는 데 사용하는 견고하고 지침적으로 신뢰할 만한 지표. 효용 단위당 또는 서비스 단위당 '자연 지표 면적의 사용'을 표시하는 수량적 단위로, 효용에 대한 '생태적 지표면 가격'을 말한다.

수명 주기 life cycle-wide(요람에서 무덤까지) 자원 추출, 생산, 유통, 저장, 사용 및 재활용/처분 등 제품 수명의 모든 단계를 포괄하는 의미이다.

에너지원 energy carriers 열에너지를 생산하는 모든 상태(고체·액체·기체)의 물질들. 예를 들면 석유, 오일샌드, 석탄 또는 장작 등이 있다.

온실효과greenhouse effect 태양빛이 지구 표면을 비추면 이것이 온기로 변환되고 일부는 외기권으로 반사된다. 지구 대기의 몇몇 구성성분, 특히 수증기와 이산화탄소는 이런 온기의 일부를 포획하는 과정에 관여한다. 이런 자연적인 온실효과가 없다면, 지구의 평균기온은 15℃가 아니라 -18~19℃로 떨어질 것이다. 인류는 현재 대기권의 중요한 온실가스, 특히 이산화탄소, 메탄, 질소산화물, CFC 그리고 오존 등의 상대적 양을 변화시키고 있다. 그 결과 인간이 만든 온실효과가 자연적인 온실효과에 더해져 지구의 온도를 변화시키고 있다.

외부 환경 효과external environmental effects, externalities 환경 매체를 통해 효력을 갖는 재화와 가공 과정, 시스템, 서비스 그리고 행동의 의도하지 않았으나 전형적으로 부정적인(비용이 발생하는) 효과. 이러한 외부 효과의 비용은 종종 일반 대중이 부담해야 한다. 예를 들어, 흡연의 외부 효과는 간접 흡연으로 인한 건강 문제를 일으킨다. 화석연료 사용의 외부 효과는 역사적 건물이 오염으로 인해 피해를 입는 것이다.

용량 활용도capacity utilization 제품이 설계된 크기나 용량의 실제 사용을 표시한다. 예를 들어, 탑승객으로 꽉 찬 차량, 절반만 채워진 식기세척기 등.

인프라infrastructure 경제의 계속성과 성장이 의존하는 기본적인 시설이나 하부구조. 예를 들어 도로, 학교, 교통망과 정보망 등이 있다.

자본capital 경제학 용어로, 자금·기계·설비뿐 아니라 토지 등 자산의 합계를 일컫는다. 금전적 자산만을 나타낼 때는 금융자본이라고 한다.

자본 생산성 capital productivity 사용된 자본 단위당 생산되는 재화와 서비스의 양. 가격이 다른 두 개의 기계에서 동일한 제품을 동일한 양과 품질로 생산할 수 있다면 보다 저렴하게 구입한 기계의 자본 생산성이 높다.

자원 생산성 resource productivity 자원(물질, 지표면, 에너지) 투입 단위당 생산되는 재화와 서비스의 양.

자원의 자연적 위치 natural location of resources 자원이 자연 상태에서 발견

된 장소. 그곳에서 기술적으로 다른 곳으로 이동된다.

작동 물질 operating materials 가공 과정을 수행하는 데 사용되는 물질이지만, 결과적인 제품에는 존재하지 않는 물질. 예를 들어, 세척제와 냉각제.

재화 goods 기계, 제품, 장비, 물체, 수송 수단, 건물, 인프라(예술 작품과 악기 포함).

제품 product 기술적 또는 자연적 과정을 거친 사용 가능한 결과물.

서비스 가능한 제품(serviceable products)은 사용과 소비를 위해 생산되어, 사용됨으로써 효용을 제공할 수 있는 재화이다.(예를 들면 로봇, 해시계, 자동차, 쥐덫, 숟가락, 유화) 또한 금괴나 알루미늄 프로파일처럼 서비스가 가능하지 않은 재화도 있다.

산업 제품(industrial products)은 기술계에서 기술적 수단으로 생산된 식품, 의약품, 인프라, 기계, 장비, 도구, 기구, 자동차, 건물 등이다.

자연 제품(natural products)은 적절한 물질과 에너지, 물, 영양분이 상호 작용할 때 자연에 의해 생산되는 기체와 액체 또는 고체를 말한다.

주기 cycle 발생 당시의 원래 상태로 되돌아가는 자연적이고 기술적인 물질 흐름. 손실이 없는 기술적 주기는 없다.

지속가능성 sustainability 경제적·사회적·생태적인 세 가지 차원이 있다. 천연자원의 가용성이 제한적이고 생태계의 필수적인 서비스는 인간의 활동에 의해 감소하거나 소멸할 수 있지만 인간의 활동으로 대체될 수는 없다. 이 때문에 생태적 차원이 경제적·사회적 발전의 경로를 결정한다. 지속가능성은 경제 시스템이 모두에게 동시에 번영을 제공하고, 미래를 위하여 이런 능력이 의존하는 자연적·사회적·경제적 기초를 확보할 수 있는 능력이다. 지속가능성을 달성하기 위해서는 현재의 도전을 극복해야 하고, 미래 세대에게 그 부담을 넘겨주어선 안 된다.

지속가능한 경제활동 sustainable economic activity 지속가능한 경제활동은 서비스 지향적이고 지식 집약적이다. 지속가능한 경제활동은 10분의 1의 천연자원만을 사용하고도, 21세기 초에 선진국에서 이룩한 수준과 비교할 만한 번영을 창조할 수 있다. 탈물질화는 필수 조건이지만, 지속가능성에 도달하기 위한 충분 조건은 아니다.

천연자원natural resources 자연적으로 이용 가능한 무생물 및 생물 천연 원료(광물, 화석, 핵에너지원, 식물, 야생동물, 생물 다양성), 흐름 자원(풍력, 지열, 조력, 태양에너지), 공기, 물, 토양, 그리고 공간(인간 정주, 인프라, 산업, 광물 추출, 농업, 임업을 위한 토지 이용) 등 모든 것을 지칭한다.

총물질 흐름 Total Material Flow ; TMF 또는 **총물질 요구**Total Material Requirement ; TMR 기술적 수단에 의해 경제 영역에서 처리되는 천연 원료(무생물, 생물, 토양의 이동, 생태적 배낭 포함)의 연간 총 사용량을 측정하기 위한 경제적 지표.(톤/연) 생물, 무생물, 토양 이동의 생태적 배낭 범주가 추가적 형태로 제시되는 경우에, MI(TMR)는 제품과 서비스의 MI와 관련해 사용된다.

탈물질화dematerialization 인간의 필요를 충족하기 위한 물질적 천연자원의 사용을 기술적 수단을 가지고 줄이는 것을 말한다.

토양 이동earth-moving 건설, 농업, 임업 부문에서 기술에 의해 일어난 토양의 모든 움직임을 말한다. 예를 들어, 흙 덮기, 땅 갈아엎기, 침식 등.

투입 input 가공 과정에 사용된 모든 것을 포함한다. MIPS 개념에서 투입은 물질(에너지 포함)이다.

팩터4 Factor 4 인간 복지의 물질적 설계를 평균 1/4로 탈물질화하는 목표. 지속가능성으로 가는 길의 과도적인 단계이다.

팩터10 Factor 10, 1/10으로 줄이기 선진국에서 전반적인 자원 생산성을 평균 10배 향상시킴으로써 지속가능성에 접근하려는 전략적인 경제 목표에 대한 비유적 표현이다. 2050년까지 전 세계적으로 재생 불가능한 자원의 1인당 소비를 연간 5~6톤 내로 제한하자는 제안이 도출되었다. 이에 따라, 독일은 경제를 1/10로 탈물질화해야 하고, 일본은 1/6로 탈물질화해야 한다. 1인당 천연자원 소비에 근거해 미국은 1/15, 핀란드는 1/19로 줄일 필요가 있다. 많은 전문가는 선진국에서 급진적인 탈물질화가 이루어지지 않고는 지속가능성에 도달할 수 없다고 확신한다. 팩터X와 팩터Y는 탈물질화가 얼마나 이루어질 수 있고, 이루어져야 하는지에 관해 개별 사례별로 부득이한 불확실성을 보여줄 목적으로 만들어진 팩터10의 변형이다.

폐기물 wastes 쓸모 없거나 가치 없는 것으로 처리되는 물질이나 제품. 많은 나라에서 폐기물은 재활용되거나 법적으로 규정된 방식으로 폐기되어야 한다.

환경 environment 동물과 식물, 미생물, 물, 공기, 토양뿐 아니라 이들 사이의 모든 상호작용을 포함한다.

환경 매체 environmental media 토양과 물, 그리고 공기.

환경 변화 environmental change 예를 들어, 기후 변화와 같은 환경 변화는 천연 원료의 흐름을 유발하거나 지표면을 탈자연화함으로써 자연의 서비스에 사람이 영향을 끼친 결과이다.

환경 스트레스 잠재력 environmental stress potential 환경 서비스에 변화를 일으킬 수 있는 가공 과정, 재화 또는 서비스의 능력. MIPS가 대략적인 모델이다.

환경 자본 environmental capital 천연자원의 부존량을 설명하기 위한 은유로, 자연과학적 관점에서 보면 다소 이상한 개념이다. 그 기능을 변화시키지 않고는(자연의 생명 유지 서비스를 변화시키지 않고는) 그 어떤 것도 기술에 의해 자연으로부터 제거될 수 없고, 심지어 자연 안에서도 움직여질 수 없다. 무생물과 생물 천연 원료, 물, 토양, 공기의 시장가격은 경제학자들이 환경적 '외부 효과'라고 부르는 것들을 반영하지 않고 있으며 앞으로도 그럴 것 같다. 왜냐하면, 자연적인 원래 위치에서 자원을 제거할 경우 필연적으로 환경 서비스의 변화를 야기하기 때문이다. 이런 변화는 과학적 방법으로도 거의 예측이 불가능하고, 완벽하게 측정하거나 자극하거나 정성화·정량화하거나 국지화할 수도 없다. 아마도 '환경 자본'이라는 용어는 미래 세대가 그 자리에 남겨진 천연자원 수량의 문제를 논의할 때 유용할 수 있다. 하지만 환경 자본은 킬로그램이나 톤으로만 유의미하게 계산할 수 있다.

효율성 efficiency 정해진 산출을 얻기 위해 기존의 과정에 도입된 수단의 효과.(생산성과 대비)

pkm Person-kilometer 수송된 사람 수에 킬로미터 거리를 곱한 수. pkm은 숫자로 표시한 수송 능력의 측정 단위이다. 한 사람을 1킬로미터 수송한다면, 1pkm의 수송 능력을 갖는 것을 의미한다. 두 사람을 각각 1킬로미터 수송한다거나 한 사람을 2킬로미터 수송하는 경우에 수송 능력은 똑같다.

표

금속	사양	물질 집중도(톤)					지역
		무생물 원료	생물 원료	물	공기	토양 이동	
알루미늄	1차 정련	37.00	—	1047.7	10.870	—	유럽
	2차 정련	0.85	—	30.7	0.948	—	유럽
	단련용 합금	35.28	—	996.8	10.374	—	유럽
	주조용 합금	8.11	—	234.1	2.932	—	유럽
	평균	18.98	—	539.2	5.909	—	유럽
납	(추정)	15.60	—	—	—	—	세계
크롬	저탄소, 60% 크롬(Cr)	21.58	—	504.9	5.075	—	세계
망간합금철 (페로망간)	고탄소, 75% 크롬(Cr)	13.54	—	221.4	2.300	—	세계
	고탄소, 75% 망간(Mn)	16.69	—	193.8	2.231	—	세계
몰리브덴합금철 (페로몰리브덴)	(추정)	748.00	—	1286.0	9.500	—	세계
니켈합금철 (페로니켈)	25% 니켈(Ni)	60.33	—	615.9	9.726	—	세계
금	(추정)	540000.00	—	—	—	—	세계
구리	50% 1차 정련, 50% 2차 정련	179.07	—	236.39	1.160	—	세계
	2차 정련	2.38	—	85.50	1.319	—	세계
	1차 정련	348.47	—	367.20	1.603	—	세계
니켈	—	141.29	—	233.30	40.825	—	독일
플래티넘(백금)	—	320300.00	—	193000.00	13800.000	—	세계
은	(추정)	7500.00	—	—	—	—	세계

267

금속	사양	물질 집중도(톤)					지역
		무생물 원료	생물 원료	물	공기	토양 이동	
철	강판, 아연 도금, 기본 산소 제강	9.32	—	81.9	0.772	—	세계
	철근, 선재, 엔지니어링 강; 전기로 공정	1.47	—	58.8	0.519	—	세계
	철근, 선재, 엔지니어링 강; 용광로 공정	8.14	—	63.7	0.444	—	세계
	강판, 고로	8.05	—	55.7	0.436	—	세계
	열간압연강, 고로	7.63	—	56.0	0.414	—	세계
	강판, 전기 아연 도금, 고로	9.42	—	75.4	0.650	—	세계
	냉간압연강, 고로	8.51	—	74.8	0.492	—	세계
스테인리스 강	18% 크롬; 9% 니켈	14.43	—	205.1	2.825	—	유럽
	17% 크롬; 12% 니켈	17.94	—	240.3	3.382	—	유럽
주석(Sn)	수입 혼합(독일)	8486.00	—	10958.0	149.000	—	독일
	전해질	22.18	—	343.7	2.282	—	독일
아연(Zn)	고급 아연, (2차) IS	19.36	—	86.5	42.290	—	독일
	혼합	21.76	—	305.1	8.283	—	독일

기본 물질	사양	무생물 원료	생물 원료	물	공기	토양 이동	지역
				물질 집중도(톤)			
알루미늄	Al₂O₃; 바이에르 정련 방식	7.43	—	58.6	0.450	—	독일
붕사	함성(Na2O2B2O310H2O)	5.75	—	13.0	0.430	—	독일
붕산	B2O33H2O	7.61	—	16.2	1.080	—	독일
휘록암	분쇄	1.42	—	6.1	0.050	—	독일
	연마	1.65	—	10.3	0.080	—	독일
다이아몬드	(추정)	5260000.00	—	—	—		남아프리카 공화국
형석	CaF2	2.93	—	7.9	0.056	—	유럽
석고	연마	1.83	—	10.3	0.064	—	독일
흑연	—	20.06	—	306.2	5.704	—	캐나다
칼륨염	(추정)	5.69	—	—	—	—	세계
석회	석회석 / 돌로마이트; 분쇄	1.44	—	5.6	0.030	—	독일
	석회석 / 돌로마이트; 연마	1.66	—	9.7	0.060	—	독일
	가성석회; 분쇄	3.12	—	12.8	0.102	—	독일
	가성석회; 연마	3.23	—	14.7	0.120	—	독일
	수산화칼슘	2.46	—	11.7	0.090	—	독일
고령토	—	3.05	—	2.5	0.077	—	독일
모래	석영모래	1.42	—	1.4	0.030	—	독일
소다	Na2CO3	4.46	—	27.7	1.020	—	독일
암염	NaCl	1.24	—	2.3	0.020	—	독일

에너지 및 연료	사양	물질 집중도(톤)					지역
		무생물 원료	생물 원료	물	공기	토양 이동	
전기	전력(공공 전력망)	4.70	—	83.1	0.600	—	독일
	전력(산업 전력 생산자)	2.67	—	37.9	0.640	—	독일
국가	전력, 유럽 OECD 회원국	1.58	—	63.8	0.425	—	유럽
	전력, 전 OECD 회원국	1.55	—	66.7	0.535	—	세계
갈탄	Hu: 8.8MJ/kg	9.68	—	9.2	0.023	—	독일
증기	16바(*임계 단위): 3.117MJ/kg	0.39	—	1.6	0.241	—	독일
	16바; 3,060MJ/kg	0.39	—	1.6	0.236	—	독일
디젤	Hu: 42.8MJ/kg	1.36	—	9.7	0.019	—	독일
천연가스	Hu: 41MJ/kg	1.22	—	0.5	0.002	—	독일
원유	—	1.22	—	4.3	0.008	—	독일
난방유	중유; Hu 42, 8MJ/kg	1.36	—	9.4	0.019	—	독일
	경질유: Hu 40, 7MJ/kg	1.50	—	11.4	0.033	—	독일

에너지 및 연료	사양	물질 집중도(톤)					지역
		무생물 원료	생물 원료	물	공기	토양 이동	
무연탄	Hu: 29.4MJ/kg	2.36	—	9.1	0.048	—	독일
	German import mix; Hu: 27.5 MJ/kg	2.11	—	9.1	0.500	—	독일
	Hu: 26.37MJ/kg	17.15	—	3.7	0.016	—	오스트레일리아
	Hu: 27MJ/kg L47	1.47	—	6.7	0.029	—	독일
	Hu: 23.25MJ/kg	5.06	—	4.6	0.017	—	세계
	Hu: 24.9MJ/kg	7.70	—	1.9	0.012	—	남아프리카공화국
	Hu: 25.2MJ/kg	6.11	—	3.1	0.017	—	미국
	Hu: 21.1MJ/kg	1.64	—	3.9	0.008	—	중국
	Hu: 23.44MJ/kg	7.40	—	10.0	0.054	—	러시아
	Hu: 24.9MJ/kg	2.15	—	12.9	0.036	—	폴란드
	Hu: 20MJ/kg	1.75	—	9.6	0.028	—	우크라이나
	Hu: 27.83MJ/kg	15.32	—	3.3	0.016	—	캐나다
	Hu: 24.1MJ/kg	5.97	—	5.3	0.020	—	영국
	Hu: 20.8MJ/kg	4.90	—	4.3	0.021	—	인도

연소용 공기	연료	사양	공기(톤)
	디젤	Hu: 42.8MJ/kg	3.2
	천연가스	Hu: 41MJ/kg	3.6
	난방유: 경질유	Hu: 42.8MJ/kg	3.2
	난방유: 중유	Hu: 40.7MJ/kg	3.0
	가솔린	Hu: MJ/kg	3.2
	갈탄	Hu: 8.8MJ/kg	0.7
		Hu: 29.4MJ/kg	2.3
		Hu: 27.5MJ/kg	2.2
		Hu: 26.37MJ/kg	2.1
		Hu: 27MJ/kg	2.1
		Hu: 23.25MJ/kg	1.8
		Hu: 24.9MJ/kg	2.0
		Hu: 25.2MJ/kg	2.0
연소용 공기: 모든 사양의 발열량은 연소용 공기 주입 없이 시작된다. 가연성 물질이 탈 때, 주가적인 공기(산소)가 변환된다. 연소 과정에 필요한 공기의 양은 바로 옆 세로줄에 나와 있다.	무연탄	Hu: 21.1MJ/kg	1.7
		Hu: 23.44MJ/kg	1.8
		Hu: 24.9MJ/kg	2.0
		Hu: 20MJ/kg	1.6
		Hu: 27.83MJ/kg	2.2
		Hu: 24.1MJ/kg	1.9
		Hu: 20.8MJ/kg	1.6

화학물질	사양	물질 집중도(톤)					지역
		무생물 원료	생물 원료	물	공기	토양 이동	
아세톤	—	3.19		18.7	1,890	—	독일
아크릴로니트릴	—	2.56		93.2	5,047	—	유럽
알릴 클로라이드	—	6.93		140.7	2,441	—	유럽
알루미늄 클로라이드	—	8.61		110.6	1,150	—	유럽
암모니아	—	1.85		10.1	5,044	—	유럽
예제 질산암모늄요소(LAU)	비료	1.43		58.0	0.990	—	독일
아닐린, 아미노벤젠	C6H7N	8.21		148.8	3,829	—	독일
벤젠	C6H6	4.32		28.2	2,190	—	독일
비스페놀	—	5.00		88.5	2,519	—	유럽
염소	—	3.84		100.9	1,091	—	독일
인산암모늄	비료	7.07		50.8	3,570	—	독일
디메틸포름아미드	—	1.53		5.3	3,722	—	유럽
디아이소시안산 디페닐메탄	—	5.20		440.8	3,892	—	유럽
에피클로로히드린	—	15.42		319.5	5,685	—	유럽
에틸렌 벤졸	—	4.45		30.5	2,186	—	유럽
에틸렌	—	3.89		25.8	1,960	—	독일
에틸렌 글리콜	—	2.90		133.5	2,293	—	유럽
폼알데히드, 메타날	—	1.11		30.0	0.980	—	독일
푸마르산	말레산에서	7.28		313.7	0.750	—	유럽
	말레산무수물에서	3.23		140.1	0.904	—	유럽
요소	—	3.45		44.6	1,820	—	독일
이소부틸알데히드	—	2.21		7.9	1,073	—	유럽

화학물질	사양	물질 집중도(톤)					지역
		무생물 원료	생물 원료	물	공기	토양 이동	
칼륨 비료	60% K2O	11.32	—	10.6	0.070	—	독일
칼슘 질산암모늄	비료(CACO3와 NH4NO3의 혼합물)	5.48		39.3	2.190	—	독일
말레산	프탈산 무수물 생산에서 나온 배기가스에서	5.01	—	216.7	3.543	—	유럽
말레산 무수물	—	2.80	—	118.3	0.589	—	유럽
메탄	—	1.38	—	2.0	3.903	—	유럽
메타놀	—	1.67	—	4.5	3.873	—	유럽
(일)인산암모늄	비료	7.36	—	50.6	3.680	—	독일
수산화나트륨	NaOH	2.76	—	90.3	1.064	—	유럽
나프타	—	1.69	—	13.9	0.047	—	독일
네오펜틸글리콜	—	1.81	—	15.8	0.958	—	유럽
니트로벤젠	—	4.95	—	93.1	2.698	—	독일
펜탄	—	1.98	—	109.7	2.148	—	유럽
페놀	—	3.19	—	18.7	1.890	—	독일
포스겐	—	4.95	—	125.3	0.608	—	독일
폴리아크릴로니트릴	—	14.22	—	351.2	10.516	—	유럽
폴리에테르 폴리올	—	8.27	—	465.9	3.515	—	유럽
폴리메틸렌 디 (메틸이소시아네이트)	—	9.53	—	167.4	2.902	—	독일

274

화학물질	사양	물질 집중도(톤)					지역
		무생물 원료	생물 원료	물	공기	토양 이동	
산화 프로필렌	—	4.61	—	24.2	3.322	—	독일
프로필렌	—	1.74	—	87.5	1.495	—	유럽
크실롤레	—	5.82	—	50.8	2.936	—	유럽
검댕이	—	2.58	—	7.1	2.538	—	영국
염산	37% 용액	3.03	—	40.7	0.380	—	독일
산화	액화	4.66	—	1084.6	2.500	—	독일
산소	가스	2.58	—	137.0	1.704	—	유럽
황산	H$_2$SO$_4$	0.25	—	4.1	0.700	—	독일
소르비톨	—	1.10	—	22.8	1.607	—	독일
전분	—	1.07	—	22.1	1.560	—	독일
질소	액화	0.81	—	33.2	1.221	—	유럽
	가스	0.19	—	7.7	1.051	—	유럽
스티렌	—	5.91	—	42.0	2.864	—	독일
테레프탈산	—	4.85	—	141.7	2.578	—	유럽
톨루엔 디이소시아네이트	—	8.56	—	490.6	4.092	—	유럽
삼중과인산석회	비료	3.44	—	23.3	1.290	—	독일
물유리(규산나트륨 수용액)	35% 용액	1.18	—	6.3	0.292	—	독일
수소	염소알칼리 전기분해	2.52	—	93.7	0.704	—	유럽

플라스틱	사양	물질 집중도(톤)					지역
		무생물 원료	생물 원료	물	공기	토양 이동	
ABS	—	3.97	—	206.9	3,751	—	유럽
에폭시 수지	—	13.73	—	289.9	5,501	—	유럽
폴리스티렌	일반용(GPPS)	2.51	—	164.0	2,802	—	유럽
	발포성 과립	2.50	—	137.7	2,475	—	유럽
	고강도(HIPS)	2.78	—	175.3	3,150	—	유럽
폴리아미드	—	5.51	—	921.0	4,613	—	유럽
폴리카보네이트	—	6.94	—	212.2	4,700	—	유럽
폴리에틸렌	호일	3.01	—	167.6	1,840	—	유럽
	고밀도(HD)	2.52	—	105.9	1,904	—	유럽
	저밀도(LD)	2.49	—	122.1	1,617	—	유럽
	선형저밀도(LLD)	2.12	—	162.1	2,805	—	유럽
폴리에틸렌 테레프탈레이트 (PET)	—	6.45	—	294.2	3,723	—	유럽
폴리에스테르	원사	8.10	—	278.0	3,730	—	세계
	수지, 겔코트 외부 착색	5.11	—	188.0	2,895	—	유럽
	수지, 겔코트 내부 착색	4.32	—	167.0	2,434	—	유럽
	ISO NPG계 불포화 수지	5.40	—	208.7	3,209	—	유럽
	OS계 수지	5.62	—	235.4	3,459	—	유럽

플라스틱	사양	물질 집중도(톤)					지역
		무생물 원료	생물 원료	물	공기	토양 이동	
폴리프로필렌	파렴	2.09	—	35.8	1,482	—	유럽
폴리프로필렌	사출성형	4.24	—	205.5	3,373	—	유럽
폴리테트라플루오로에틸렌(PTFE)	—	18.81	—	456.9	6,373	—	유럽
폴리우레탄	경질 발포제	6.31	—	505.1	3,563	—	유럽
폴리우레탄	연질 발포제	7.52	—	532.4	3,420	—	유럽
	발포성	17.34	—	679.4	11,573	—	유럽
폴리염화비닐(PVC)	괴상 중합	3.47	—	305.3	1,703	—	유럽
	유화 중합	3.65	—	197.5	2,463	—	유럽
	현탁 중합	3.33	—	176.6	1,693	—	유럽
스티렌-부타디엔 고무용액(SBR)	—	5.70	—	146.0	1,650	—	독일

건축 자재	사양	물질 질중도(톤)					지역
		무생물 원료	생물 원료	물	공기	토양 이동	
콘크리트	—	1.33	—	3.4	0.044	—	독일
셀룰로오스 바편	—	1.71	—	6.7	0.270	—	독일
지붕 타일	—	2.11	—	5.3	0.065	—	독일
시멘트	포틀랜드 시멘트	3.22	—	16.9	0.332	—	독일
	포틀랜드 고로시멘트	2.79	—	18.8	0.298	—	독일
	고로시멘트	2.22	—	21.3	0.254	—	독일
판유리	성형 판유리	2.95	—	11.6	0.743	—	독일
인공 광섬유	우리솜	4.66	—	46.0	1.800	—	독일
	암면	4.00	—	39.7	1.690	—	독일
화강암	표면연마 석판	1.92	—	3.4	0.593	—	독일
모래-석회벽돌	—	1.28	—	2.0	0.013	—	독일
석기 파이프	—	2.88	—	32.9	0.240	—	독일
진주암	(추정)	2.04	—	6.8	0.043	—	독일
기포 콘크리트	400kg/m³	2.51	—	15.0	0.263	—	독일
	500kg/m³	2.28	—	13.4	0.219	—	독일
	500kg/m³ 통계적으로 강화	2.64	—	14.6	0.278	—	독일
	600kg/m³	2.10	—	11.5	0.169	—	독일
	600kg/m³ 통계적으로 강화	2.37	—	12.1	0.230	—	독일
발포 유리	—	6.71	—	152.6	2.799	—	유럽
벽돌	경량 점토벽돌(PS) / 강화 점토벽돌	2.11	—	5.7	0.047	—	독일
	경량 점토벽돌(톱밥)	1.97	—	5.4	0.038	—	독일

기타	사양	물질 접촉도(톤)					지역
		무생물 원료	생물 원료	물	공기	토양 이동	
아라미드 섬유	—	37.03	—	940.4	19.574	—	유럽
면	미 서부산	8.60	2.90	6814.0	2.740	5.01	미국
식기 유리	1차; 특수 용도	3.04	—	17.1	0.716	0.14	독일
	53% 파파(廢)유리	1.72	—	13.4	0.576	0.06	독일
	88% 파유리	0.87	—	10.9	0.479	0.01	독일
목재	마분지	0.68	0.65	18.4	0.292	—	독일
	합판	2.00	9.13	23.6	0.541	—	독일
	미송(바짝 말려 제재한 목재)	0.63	4.37	9.2	0.166	—	독일
	가문비나무(바짝 말려 제재한 목재)	0.68	4.72	9.4	0.156	—	독일
	하드보드(인공 목재)	2.91	—	49.1	0.980	—	독일
	소나무(바짝 말려 제재한 목재)	0.86	5.51	10.0	0.129	—	독일
	섬유판(중밀도, MDF)	1.96	—	32.9	0.481	—	독일
유리섬유	E글라스(일반 용도)	6.22	—	94.5	2.088	—	유럽
	R글라스(높은 인장강도, 산에 침식이 되는 조성의 유리)	10.84	—	296.3	2.007	—	유럽
탄소섬유	—	58.09	—	1794.9	38.000	—	유럽
	합계	61.12	—	2411.5	33.387	—	유럽

기타	사양	물질 집중도(톤)					지역
		무생물 원료	생물 원료	물	공기	토양 이동	
가죽	크롬 염색	12.30	—	515.0	2,800	—	유럽
	식물성 염색	9.20	12.60	446.0	2,400	—	유럽
	식물성 염색 중량 가죽	3.30	12.60	176.0	0.900	—	유럽
리놀륨	—	2.01	0.35	6.7	1.992	—	독일
종이 및 판지	표백	9.17	2.56	303.0	1.275	—	유럽
	미표백	8.94	2.38	268.1	1.289	—	유럽
	마분지 판지	0.30	0.22	24.9	0.070	—	유럽
	골판지	1.86	0.75	93.6	0.325	—	유럽
	1차 신문용지	0.38	0.94	3.5	0.078	—	유럽
	2차 신문용지	0.24	0.04	14.8	0.050	—	유럽
	황산펄프(표백)	2.61	2.64	112.1	0.413	—	유럽
	황산펄프(미표백)	3.09	2.42	93.3	0.521	—	유럽
	아황산펄프(표백)	4.38	2.64	185.2	0.655	—	유럽
	아황산펄프(미표백)	2.59	2.42	141.9	0.413	—	유럽

수송 수단	사양	물질 접촉도(톤)					지역
		무생물 원료	생물 원료	물	공기	토양 이동	
원양 선박	모든 선박	6.00	—	52.0	10.000	—	독일
	유조선	4.00	—	31.0	5.000	—	독일
	컨테이너	9.00	—	80.0	17.000	—	독일
	화물선	10.00	—	90.0	19.000	—	독일
운하용 선박	모든 선박	24.00	—	160.0	35.000	—	독일
	화물선	25.00	—	163.0	37.000	—	독일
	밀배	20.00	—	130.0	29.000	—	독일
화물열차	4축 연결한 경바지선	19.00	—	130.0	20.000	—	독일
	모든 열차	77.00	—	3568.0	34.000	—	독일
	디젤 전인	55.00	—	149.0	56.000	—	독일
	전기 전인	83.00	—	4365.0	29.000	—	독일
화물 트럭	모든 트럭	218.00	—	1910.0	209.000	—	독일
	2.8톤 이하 트럭	1336.00	—	11630.0	1331.000	—	독일
	2.8톤 이상 모든 트럭	450.00	—	4124.0	144.000	—	독일
	8톤 트레일러	107.00	—	927.0	102.000	—	독일
	트레일러	89.00	—	731.0	100.000	—	독일

물	사양	물질 집중도(톤)					지역
		무생물 원료	생물 원료	물	공기	토양 이동	
음용수	—	0.01	—	1.3	0.001	—	독일
이온제거수	(추정)	0.08	—	2.2	0.008	—	독일

참고 문헌 및 그림 출처

1장

Brown, Lester R.(2005), *Outgrowing the Earth*, London: Earthscan
   Publications.

Carson, Rachel(1962), *Silent Spring*, Boston, MA: Houghton Mifflin.

Fussler, Claude(1997), *Driving Eco-lnnovation*, Financial Times/
   Prentice Hall.

Hawken, Paul, et al.(2000), *Natural Capitalism*, Back Bay Books.

Lehmann, Harry and Thorsten Reetz(1995), *Zukunftsenergien*,
   Stuttgart: Hirzel.

Liedtke, Christa and T. Busch(2005), eds., *Materialeffizienz*, Munich:
   Ökorn Verlag.

Meadows, Danella et al.(2004), *Limits to Growth - The 30 Year
   Update*, White River Junction, VT: Chelsea Green.

Mitsuhashi, Tadahiro(2003), *Japan's Green Comeback*, Pelanduk

Pubns Sdn Bhd.

Rocholl, M. et al.(2006), *Factor X and the EU - How to make Europe the most resource and energy efficient economy in the World*, Aachener Stiftung Kathy Beys, www. aachenfoundation.org.

Sachs, Wolfgang, et al.(2005), *Fair Future. Begrenzte Ressourcen und Globale Gerechtigkeit. Ein Report des Wuppertal Instituts*, Munich: C. H. Beck.

Schmidt-Bleek, Friedrich(1992), *Gedanken zurn Ökologischen Strukturwandel*, Positionspapier, Wuppertal Institut, Later published in: *Regulatory, Toxicology and Pharmacology*, 18: 3., Academic Press Inc., December 1993.

Schmidt-Bleek, Friedrich(1994), *Wie viel Umwelt braucht der Mensch? - MIPS, das Maß für ökologisches Wirtschaften*, Birkhäuser Verlag.

Schmidt-Bleek, Friedrich(2000), *Das MIPS-Konzept - Faktor 10*, Munich: Knaur.

Stahel, Waiter, et al.(1997), *Ökointelligente Produkte, Dienstleistungen und Arbeit*, Birkhäuser Verlag.

Statement to Governments and Industry leaders by the International Factor 10 Club(1997), www.factor10-institute. org.

Weizsaecker E. U. von et al.(1997), *Factor 4: Doubling Wealth, Halving Resource Use - A Report to the Club of Rome*, London: Earthscan.

2장

New Information on how Finland's Traffic System Consumes Natural Resources, Report by the Finnish Minister for Environment and Transportation on the Resource Consumption of Finland's Transportation System, computed applying MIPS, Helsinki, April 2006, www. ymparisto.fi/julkaisut. Contact: Sauli Rouhinen, General Secretary of the Finnish Commission for Sustainability, sauli. rouhinen@ymparisto.fi.

Ritthoff, Michael et al.(2002), *MIPS berechnen - Ressourcenproduktivität von Produkten und Dienstleistungen*, Wuppertal Institut. www. wupperinstitute/ MIPS-online.de.

Schmidt-Bleek, Friedrich et al.(1998), *MAIA, Einführung in die Material Input Analyse nach dem MIPS-Konzept*, Wuppertal Texte, Birkhäuser Verlag.

Schmidt-Bleek, Friedrich et al.(1999), *Ökodesign - Vom Produkt zur Dienstleistungserfüllungsmaschine*, Wirtschaftskammer Österreich, WIFI 303, Vienna.

Schmidt-Bleek, Friedrich(2004), ed., *Der Ökologische Rucksack - Wirtschaften für eine Zukunft mit Zukunft*, Stuttgart: Hirzel.

Wackernagel, Mathis and William Rees(1995), *Our Ecological Footprint*, Gabriola Island, BC, Canada: New Society Publishers.

3장

Reports about awarding of the Efficiency Price, NRW Efficiency Agency: NRW: www.efanrw.de.

Berichte über den R. I. O. Inovationspreis, Aachener Stiftung Kathy Beys: www.aachener-stiftung.de.

Ritthoff, Michael et al.(2002), *MIPS berechnen Ressourcenproduktivität von Produkten und Dienstleistungen*, Wuppertal: Wuppertal Institut.

Schmidt-Bleek, Friedrich and C. Manstein(1999), *Klagenfurt Innovation*.

www.mips-online.de, www.wupperinst.org, www.factor-x.info. de.

4장

Adriaanse, A. et al.(1998), *Die Materielle Basis von Industriegesellschaften*, Birkhäuser Verlag.

Boege, Stefanie(1993), *Road Transport of Goods and the Effects on the Spatial Environment*, Wuppertal Institut.

Bringezu, Stefan(2000), *Ressourcennutzung in Wirtschaftsräumen. Stoffstromanalysen für eine nachhaltige Raumentwicklung*, Berlin: Springer.

Bringezu, Stefan(2004), *Erdlandung*, Stuttgart: Hirzel.

Meyers, N. and Jennifer Kent(2001), *Perverse Subsidies*, Washington, DC: Island Press.

Schmidt-Bleek, Friedrich(2004), ed., *Der Ökologische Rucksack*, Stuttgart: Hirzel.

World Resources Institute(1997), *Material Flows*, Washington, DC: World Resources Institute.

World Resources Institute(2001), *The Weight of Nations*, Washington, DC: World Resources Institute.

5장

Brown, Lester R.(2003), *Eco-Economy*, London: Earthscan Publications.

Global 100 Eco-Tech Awards, Japan Association for the 2005 World Exposition, 1533-1 Ibaradabasama, Nagakute-cho, Aichi 480-1101, Japan (Descriptions of environmental technologies, 160 pages).

Latif, Mojib(2009), *Climate Change: The Point of No Return*, London: Haus Publishing.

Mooss, Heinz(2005), *Ökointelligent. Geniale Ideen und Produkte aus Oesterreich*, Vienna: Ueberreuter.

6장

Faktor Y, *Magazin für Nachhaltiges Wirtschaften*.

Internationales Forum für Gestaltung(1998), *Gestaltung des Unsichtbaren*, Berlin: Anabis Verlag.

Klemmer, Paul and Fritz Hinterberger(1999), *Ökoeffiziente Dienstleistungen*, Birkhäuser Verlag.

Schmidt-Bleek, Friedrich and Ursula Tischner(1995), *Produktentwicklung - Nutzen gestalten - Natur schonen*, Wirtschaftskammer Österreich, WIFI 270, Vienna.

7장

Bericht des Zukunftsrates NRW 2004: www.agenda21.nrw.de.

Bierter, Willy(1995), *Wege zum ökologischen Wohlstand*, Birkhäuser

Verlag.

Dieren, W. van(1995), ed., *Taking Nature into Account*, Berlin: Springer.

Dosch, K.(2005), *Ressourcenproduktivität als Chance- Ein langfristiges Konjunkturprogramm für Deutschland*, in: www.aachener-stiftung.de.

Fischer, Hartmut et al.(2004), *Wachstum und Beschäftigungsimpulse rentabler Materialeinsparungen*, in: Wirtschaftsdienst, Issue 4, April.

Hinterberger, Fritz et al.(1996), *Ökologische Wirtschaftspolitik*, Birkhäuser Verlag.

Holliday, Chad et al.(2001), *Sustainability through the Market*, in: World Business Council for Sustainable Development.

Myers, Norman and Jennifer Kent(2001), *Perverse Subsidies*, Washington, DC: Island Press.

Spangenberg, Joachim H.(2003), ed., *Vision 2020: Arbeit, Umwelt, Gerechtigkeit- Strategien für ein zukunftsfähiges Deutschland*, Munich: Ökom.

Spangenberg, Joachim H. and S. Giljum(2005), eds., Special edition "Governance for Sustainable Development", *International Journal of Sustainable Development*, 8.

Stahel, Walter R.(2006), *The Performance Economy*, Basingstoke: Palgrave, Macmillan.

Wohlmeyer, Heinrich(2006), *Globales Schafe Scheren- Gegen die Politik des Niedergangs*: Edition Vabene.

그림 출처

모든 그림과 표는 Peter Palm, Berlin.

그림 1 Sachs, W. *Fair Future*, figure 3, p. 36.

그림 2 Schmidt-Bleek, F. *Wieviel Umwelt braucht der Mensch?*, figure 6, p. 26.

그림 3 Bringezu, S., *Ressourcennutzung in Wirtschaftsräumen*, figure 5, p. 72.

그림 5 Schmidt-Bleek, F. see above, figure 5, p. 25.

그림 6 Schmidt-Bleek, F. see above, figure 23, p. 130.

그림 7 Sachs, W., see above, figure 9, p. 70.

그림 8 Schmidt-Bleek, F. see above, figure 21, p. 125.

그림 9 Schmidt-Bleek, F. *Das MIPS-Konzept*, p. 53.

그림 10 Bringezu, S., *Erdlandung*, figure 1, p. 49.

그림 11 Bringezu, S., *Ressourcennutzung in Wirtschaftsräumen*, figure 10, p. 98.

그림 12 Schmidt-Bleek, E., Das *MIPS-Konzept*, figure 26, p. 234, data from R. Behrensmeier and S. Bringezu, *Wuppertal Papers* Nr. 24, Wuppertal 1995.

그림 13 Bringezu, *Erdlandung*, figure 7, p. 94.

그림 16 Wuppertal Institut Jahrbuch 2004/2005, p. 109.

그림 17 Schmidt-Bleek, F. *Das MIPS Konzept* (see above), figure 23, p. 203.

그림 18 Europäisches Amt für Statistik, *Trend Chart Innovation Policy in Europe*, p. 2 and *Intellectual Property Rights in Focus* 2006.

Æ 1   Sachs, W. *Fair Future*, p. 35.

Æ 4   ibid., table 4, p. 88.

Æ 5   ibid., table 3, p. 82.

Æ 6   John R. McNeill, *Blue Planet*, Frankfurt, New York 2000, table 5.1.